尋找
不確定性中
的確定性

劉潤——著

推薦序
彎道超車，您必須培養的三個思維

文／謝文憲（企業講師、作家、主持人）

在台灣，劉潤的媒體通告都是我在跑，這些年，閱讀他的每一本書，彷彿他就在我身邊，當我遇到工作策略或人生抉擇時，我都會問我自己：「劉潤會怎麼想？」

寫下本文時，我剛錄完長達十三年廣播生涯的最後一集，我們訪問到台大經濟系教授馮勃翰老師，我們聊到如何用經濟學看世界影視行業的發展趨勢。其中，具有代表作《逃出絕命鎮》、《窒友梅根》的獨立製片商 Blumhouse Production，過去十年的影視投資 ROI 均超過 10，他們利用薪酬制度和決策流程，去調和藝術和商業，導演和製片間的衝突，每部片用相較於好萊塢製片極少的預算，卻創造極大倍數的回收，我在錄音室裡聽得嘖嘖稱奇。

用劉潤的語言來說，他們就是做到在影視產業的茫茫大海中，大家都在賭機率的同時，如何有效事先預測哪部片會中？除了看故事劇本，男女主角知名度、製作預算等這些不確定的因素中，能否找到一絲絲確定性？甚或是底層邏輯？要能更精準預測消費者喜愛。或者這樣說，撇除藝術成就不談，如何讓影視投資人未來都願意繼續投資下一部片？

我看完本書，有找到答案，然後繼續開始想我自己的問題。

我最近遇到的幾個問題是：

1. 短影音的遊戲規則，跟我在不在賽道內成爲玩家，看法會不會不同？
2. 當越來越多人都能在 Podcast、YT、TK、IG、FB、出版與線上課程市場能有一小片天時，個人品牌的價值，該如何定義？
3. 大機會藏在彎道裡，安全感都在確定裡，有多少人是跟隨者？多少人是開創先行者？開創先行者的代價是什麼？而跟隨者眞能找到獲利模式？
4. 對我而言，極度穩定的企業訓練市場，我如何能用迭代、進化的力量，創造更大的影響力，爲我帶來更適合此時的商業與人生價值？
5. 劉潤兩年前的說法與文字，網路上對他的正反評價，《底層邏輯》系列賣得如此之好，對我而言，有什麼是會變的，有什麼是不變的？我該遵循哪些法則與邏輯，在變動的世代，找到穩定且可彎道超車的新機會？

讀者們或許覺得我想太多了？但我老實告訴大家，我就是這樣看書的，我的閱讀習慣絕不會在書上劃線、寫筆記或重點，我會嘗試跟作者對話，用我最近遇到的問題，在書中找答案，而劉潤系列的書，最常帶給我反思，給我最多靈感，或許不是每一個法則或邏輯都能派上用場，但這幾年閱讀他的書，已讓我有非常大的不同。

說到這裡，大家可能會期待我對於彎道超車的三個思維，我想跟大家分享：

1. 「**從意外看見週期，從週期看懂趨勢，從趨勢看清規劃**」：這句話說來簡單，要做到卻不容易，用我的話來說：「不要浪費任何一個意外、危機」，我看這段內容時，我想到的是 2010 年我跟簽約管顧拍桌翻臉、2012 年大陸授課的危機轉折、2014 年的大陸受傷、2019 年的罹癌、2022 年父親辭世，分別給我帶來進修與學習、投入公共媒體（專欄與廣播）、成立憲福育創、降載不停機、發現人生使命等重大轉折，人生的週期總是上下起伏、極限賽局，能夠面對意外，抓住趨勢，沉著規劃的人，總能在每次意外中，再次蛻變。
2. 「**用數學解決問題，用體驗感受世界**」：不用我多說，劉潤的思維有許多都是用數學與統計來思考的，這一點是跟我最接近的，也是我最喜歡此一系列之處，他的專長跟我習慣「用理論解釋現象」的思維不謀而合。但他的書或是觀點能夠有這麼多人喜愛的主要原因，或許不是因爲數學，而是他對於人生體驗的獨到描述，這一點更是絲絲入扣，引人入勝。我常跟我的朋友說：「劉潤的數學看不懂沒關係，看懂例子，就能理解數學，但若眞能理解數學，你就開發出一套屬於你自己的觀點。」

3. **「解決更貴的問題，抓住全新的需求」**：前些天，我跟合作夥伴與我們新聘的節目企劃聊天，企劃剛從大學畢業，還比我兒子小一歲，我們也教導她這個觀念，把眼光放遠，當然也會有年輕人覺得我們是慣老闆，無論怎麼想，我絕對相信劉潤的進化思維。2015 年我在憲福育創開辦的「說出影響力」課程，就在解決專業者上台後腦袋一片空白，或是無法將專業論述變成市井小民語言的缺口；2017 年的「大大讀書」，就是在解決白領對於知識焦慮的問題；2022 年的 CXO 就是在提供商務、學習、人脈三效合一的解決方案；2024 年的「謝文憲接班人」，就是在解決如何運用謝文憲成為槓桿，達成我想推動體育運動普及、閱讀普及、演說普及、精緻訓練的使命傳承，而接班人計劃卻不以解決更貴的問題來思考，而是專注在更有價值的問題來詮釋。

以上三點，就是我看完本書的啓發，希望也能對大家有幫助，雖然我的文筆不如劉潤，視野或許也不如他，但我的工作就是將劉潤介紹給大家，希望這是讓大家更認識他的方法。我帶著台灣人的體驗，用些許微光帶領大家看見商業世界運作的底層邏輯，也讓劉潤看見台灣，也讓您們看見我。

序言

在隆冬，我終於知道，我身上有一個不可戰勝的夏天。——阿爾貝．加繆（Albert Camus），法國作家

最近，有很多人問我這樣的問題：

未來，我們會遭遇什麼樣的變化？

企業和個人的戰略，應該如何制定？

感覺到了一絲「寒氣」，以後要怎麼辦？

…………

確實，這是一個萬事萬物劇烈變化的時代。變化會讓人焦慮，焦慮會引發不安，而不安會讓「寒氣」更寒。因爲看不懂、猜不透，所以會胡思亂想，失去信心。

因此，我們迫切地要在這個充滿不確定性的世界裡找到確定性。

那麼，到底什麼是確定性？

手機在我的口袋裡，滑鼠在我的右手邊，我知道它們在哪兒，它們也確定地就在那兒。無論今天是得意還是失意，我都知道，明天早晨太陽會照常升起。

這是確定性。因爲我知道，所以我有很強的安全感；因爲我知道，所以我還可以做一些預測。

我在杭州出差，想去西湖吹風，請問有沒有一條最短的路徑？想一想，肯定是有的。有沒有一條紅綠燈最少的路徑？有沒有一條用時最短的路徑？也一定是有的。

雖然我並不知道具體是哪一條路徑，但我清楚地知道，一定是有的。如果我非常趕時間，那麼接下來我要做的事情就是把這條用時最短的路徑找出來。

這個過程是一個探索的過程。30 年前，我靠自己走街串巷的記憶找到了一條好走的路；20 年前，出租車司機用他的經驗幫我找到了最快的路；現在，依託人工智慧、大數據等先進科技，各種地圖軟體告訴我哪條路徑是用時最短的。

這就是確定性。

在複雜多變的商業世界中，正是因爲存在確定性，所以有些事情是有確定答案的。但這個確定性需要我們不斷地學習、不斷地研究才能找到。只要找到它，我們就能比別人做得更好，就能更快到達目的地。

在這個充滿不確定性的世界裡，找到確定性並不是一件容易的事。這也是爲什麼我要寫這本書。這件事很難，但我們必須做，因爲只有找到確定性，我們才能不斷進化、不斷蝶變。

在這本書中，我把內容分成 8 章：不確定性、化解意外、穿越周期、第五要素、消費進化、元宇宙、擁抱規劃、成爲確定性。透過這 8 章，我將和你一起探討在過去幾年尤其是過去一年裡很多令人困惑不已的問題。

- 爲什麼說現在的環境就像是寒武紀生命大爆發？
- 在變化的時代如何充滿彈性？
- 有哪些逆勢增長的機會？
- 驅動經濟增長的第五要素是什麼？
- 元宇宙到底處於什麼階段，是否有美好的未來？
- 未來商業世界確定性的趨勢是什麼？
- 如何理解「十四五」規劃？

…………

我將和你一起分析這些問題背後的原因，一起鍛煉商業思維，一起尋找進化的力量。

在這本書中，我還分享了很多讓我深受觸動甚至倍感震撼的故事：爲了創業，趙德力冒著生命危險試飛飛行摩托「筋斗雲」；鐘承湛因爲意外受傷無法站立，但他即使坐在輪椅上，也依然要馭雪飛翔，尋找自己那座高聳的「未登峰」；驟遇「寒冬」，俞敏洪依然堅持拿出 200 億元退還學員學費，發給員工遣散費……。

這些人的故事，是千千萬萬人在困境中迎難而上的縮影。我們透過這些故事，看到了挫折，更看到了戰勝挫折的信念；

看到了挑戰，更看到了迎接挑戰的勇氣；看到了苦難，更看到了擺脫苦難的智慧。希望這些故事也能感染到你，讓你感受到溫暖的力量。

法國作家阿爾貝．加繆說過一句話：「在隆冬，我終於知道，我身上有一個不可戰勝的夏天。」

在那個倍受新冠疫情困擾的時代，如果你感受到「寒氣」，那是很正常的。未來幾年，依然會面臨很多不確定性，但我們要選擇戰鬥，決不認輸、決不放棄，要在裂縫中不斷尋找出路，要舉起火炬，讓寒冷的人不會凍斃於風雪，讓灰心的人可以在黑暗中看到光亮，要努力讓自己活成確定性，並把確定性傳遞給每一個人。

企業家、創業者、管理者要把確定性傳遞給自己的公司和團隊。

渴望進步和成長的個人，要把確定性傳遞給努力的自己。

不要只看到眼前的冬天，要望到冬天過後的春暖花開；不要只看到荊棘滿布，要望到披荊斬棘後的原野。

我期待和你一起穿越「寒冬」，擁抱春天。我將不勝榮幸，也將全力以赴。

目錄 · Contents

PART 4　第五要素

PART 5　消費進化

PART 6　元宇宙

PART 7 擁抱規劃

PART 8 成為確定性

Part 1
不確定性

真正的不確定性，根本無法計算機率

千百年來，人類一直在尋求一種東西，叫作「確定性」，因爲確定性能給我們帶來安全感。

然而，事與願違的是，這個世界上更多的是不確定性。市場有不確定性，供應鏈有不確定性，疫情有不確定性，國際環境有不確定性……似乎到處都充滿著不確定性。

那麼，到底什麼是「不確定性」？

不確定性有兩種：一種叫作已知的未知，另一種叫作未知的未知。

比如，你應邀參加一個非常重要的活動，但你不知道那一天會不會下雨，你查了一下天氣預報，發現當天有 30% 的機率會降水。於是，你知道那一天有 30% 的機率會下雨。這種不確定性就叫作已知的未知，是一種非常常規的不確定性。

那麼，面對已知的未知，你會怎麼做？

我先問一個問題：當你發現降水機率是 30% 時，在這種情況下，你會不會帶傘出門？

有些人可能會帶，原因很簡單：「這個活動很重要，有很多重要客戶會參加，我精心設計的妝容不能花。」有些人可能不帶，原因也很簡單：「我把雙肩包頂在頭上，跑兩步不就過去了嗎？這不是什麼大事。」

那麼，換一個問題：如果你要從上海坐飛機去北京，但查詢航空預報後，發現當天的飛機失事機率是 30%，請問在這種情況下，你會不會坐飛機去北京？

這時，大多數人可能會覺得有些不可思議：「你是在開玩笑嗎？飛機有 30% 的機率會失事，我爲什麼還要坐飛機？這不是賭命嗎？」

如何知道一件事到底是該做還是不該做？可以透過計算數學期望來判斷，也就是用結果乘以機率。

換言之，在已知的未知的情況下，我們做決策時，可以用結果乘以機率來做出判斷。

降水機率和飛機失事機率是一樣的，都是 30%，爲什麼你卻做出了不一樣的決策？因爲機率相同，但代價（結果）不同。

這種可以計算機率的不確定性，我們稱之爲「風險」。

還有一種不確定性，叫作未知的未知。

風險管理專家納西姆．尼古拉斯．塔勒布（Nassim Nicholas Taleb）寫了一本書叫作《黑天鵝》，什麼是「黑天鵝」？就是你永遠都不知道它**什麼時候**會發生，甚至不知道**它會發生**，因爲它以前沒有發生過。

2022 年春節，我是在南京父母家過的。每年春節，我都有一個非常重要的任務——幫父母扔東西，因爲他們太喜歡囤東西了。家裡有一個冰箱，還有一個冰櫃。2 年前買的海鮮、

3 年前開的中藥、4 年前別人送的土雞，還有 5 年前的明前龍井，把整個冰櫃塞得滿滿當當。

我一邊扔一邊「威脅」說，我連冰櫃都要扔掉。但當時正是春節假期，回收站都停業了。我只好在回上海之前拋下一句狠話：「等我回到上海，就立刻找人來把冰櫃處理掉。」

誰也沒想到，我一回到上海，就開始了居家辦公的日子，並且，這樣的日子一直持續了兩個多月。在那兩個多月裡，我和很多人一樣，每日忙於團購買菜、囤雞蛋。有一天，我發了一則 po 文，說：「我們社區有沒有要學競爭策略的，一小時學費是四個雞蛋。」沒想到，這條 po 文洗版了。

我找了個理由，和父母打了通電話，聊到最後，我問：「對了，你們的冰櫃沒扔吧？沒扔？好。那先放著。」我心裡的一塊石頭落地了，然後……我也買了一個冰櫃。

前不久剛威脅父母要扔掉他們的冰櫃，轉身我就自己買了一個。我是數學系畢業的，但我想我用盡全部的腦細胞也無法計算這件事發生的機率。

這就是未知的未知，它沒有事前機率，也就是說，你無法根據以往的經驗和分析知道它會不會發生。你無法用任何方法計算出它發生的機率，更無法用多次嘗試來換取更大的或至少成功一次的可能性。

在這本書裡，我所提到的「不確定性」指的是「未知的未知」。在我看來，真正的不確定性根本無法計算機率。從數學的角度來說，風險終究是可計算的，不是什麼大事，因爲可計算意味著可以評估利弊得失。

安全感來自確定性，但機會藏在不確定性中

面對不確定性，人類最自然的應對策略是回到熟悉的世界裡，找回安全感。

我們來看一組數據。根據中國教育部的統計，2022 年應屆高中畢業生人數第一次突破 1000 萬，達到了1076 萬，比 2021年（909 萬）增加了 167 萬[1]，畢業生的數量創下了歷史新高。

這 1076 萬人是中國第一批「00 後」應屆畢業生。在 2021 年的年度演講中，我把這批年輕人稱爲「Z0 世代」，他們有 9 個關鍵詞：富足、感性、顏值、愛國、獨立、懶宅、養寵、養生、意義。他們非常優秀，但是，他們畢業在充滿不確定性的 2022 年，該怎麼辦呢？

大多數人的選擇是考研究所、考公務員。

據相關統計，相比 2021 年，2022 年中國應屆高中畢業生的人數增加了 18.4%[2]，達到了 1076 萬，但研究生的報考人數

---

1 李金磊。應屆大學畢業生破千萬大關保就業，國家出招了！ https://www.stdaily.com/index/kejixinwen/202205/23299cf9c1c241269cb236923b7856e3.shtml

2 俞菀、郭雨祺。2022：應屆高校畢業生就業「衝刺」微觀察 https://www.zgzcyj.com/?p=88&a=view&r=500

卻增加了 21.2%（2021 年爲 377 萬），達到了 457 萬[3]，首次突破 400 萬；而國家公務員的報考人數增長了 34.2%（2021 年爲 158 萬），達到了 212 萬[4]，首次突破 200 萬。

考研究所人數、考公務員人數的增長幅度都遠高於畢業生人數，爲什麼？因爲只要考上，就能回到那個依舊「熟悉」的世界裡，找回安全感。

這很好，對很多人來說，這是正確的選擇。但是，這並不是唯一的選擇。

有一些人就做出了不一樣的選擇。有個小姑娘叫林西，畢業於北京外國語大學。如果讓你來猜她的職業，或許你都猜不到，甚至可能都沒有聽說過她的職業：手機裝裱師。

我兒子叫小米，因爲這個緣故，我特別喜歡小米手機。有一天，我突發奇想：能不能把我用過的所有小米手機都保存下來，等我兒子長大以後，當作禮物送給他呢？我想，那時我可以對他說：「小米，今天是你『大喜』的日子，我沒有多少錢可以留給你，這些是我曾經用過的小米手機，我就把它們傳給你作爲紀念吧。」

這個主意讓我越想越激動，於是，我開始在網上搜索有沒有人能把這些手機裝裱起來。沒想到，眞的有人從事這樣的職

3 戴凜。報名人數同比增加 21%「考研熱」下的眾生相 https://www.163.com/dy/article/HG128CG00550HHWE.html

4 解麗。2023 年國考招錄應屆畢業生的占比為近年來最高 https://finance.sina.com.cn/china/2022-10-24/doc-imqqsmrp3585661.shtml

業，比如林西。我把手機寄給她，請她為這些手機做裝裱。幾天之後，她把這些手機寄回來了，只不過，這些手機都變成了新的模樣，如圖 1-1 所示。

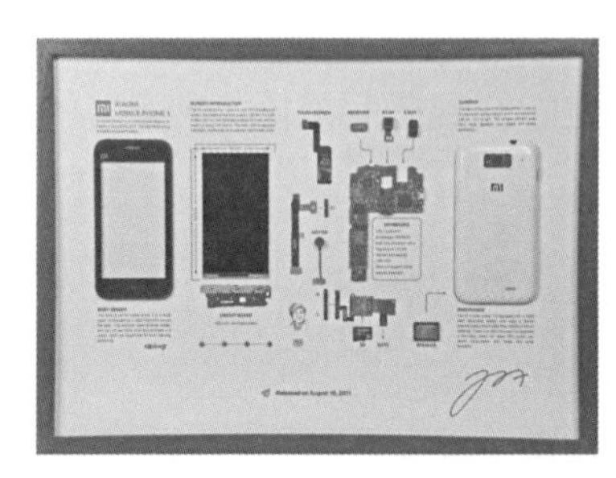
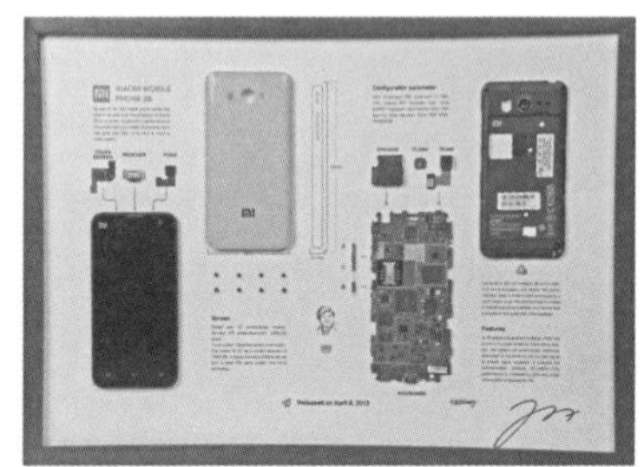
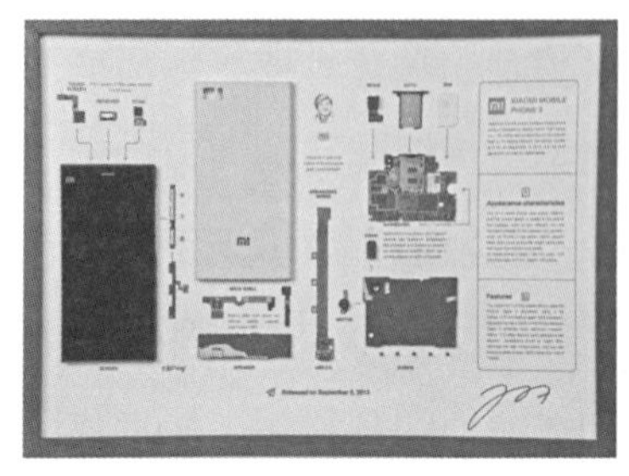
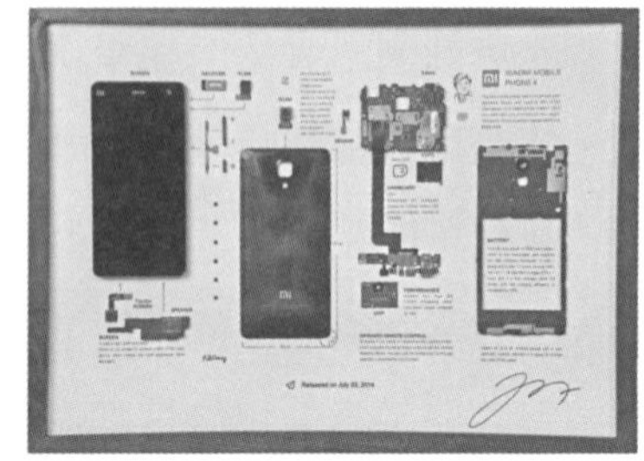

圖 1-1　拆解設計後的小米手機

我看到後都震驚了：這不是簡單的裝裱，而是先拆解，再裝裱，而且還設計得這麼有藝術感！這不是老天爺賞飯吃，而是老天爺追著餵飯吃啊！

後來，我把這些手機寄給小米公司的創始人雷軍，請他在上面簽名留念。雷軍看到後也愛不釋手，非常喜歡。

我好奇地問林西：「你是怎麼走上做手機裝裱師這條路的

呢？」她說，這個創意來自她參觀一個藝術展時受到的啓發。

在英國留學時，一個偶然的機會，林西參觀了一個藝術展，看到設計師用塑膠垃圾來製作裝裱畫，她當時就想：既然塑膠垃圾可以變廢爲寶，我那些捨不得扔的電子設備是不是也可以做成藝術品？

林西裝裱的第一部手機是一部 iPhone 4，從拆解、設計到裝裱到畫框裡，林西只用了 3 天時間。她把裝裱這部手機的過程拍成了影音，發布到了網路上。沒想到，這條影音大受歡迎，很多人找到她，無數訂單向她飛來。比如，有人寄來了 20 世紀 70 年代的初代摩托羅拉「大哥大」，還有人請她把自己早年使用的諾基亞 3650 手機裝裱爲紀念品。

最讓林西受觸動的是，每個訂單背後都有一個感人的故事。比如，她曾經受託對一塊手錶和一枚鑽戒進行裝裱，如下頁圖 1-2 所示。

委託人是一位男士，2022 年他和妻子結婚十周年，但是，他深愛的妻子卻因病已經離開了這個世界，他非常想念妻子。手錶是結婚的時候他妻子送給他的，他一直捨不得戴，怕不小心磕著碰著，更怕丟了，因此，他希望林西能把這塊手錶和妻子的鑽戒一起裝裱起來，讓它們能日日夜夜、歲歲年年地繼續陪伴他。林西說：「我一邊哭著一邊完成了這幅作品。我把手錶做成了一棵『生命樹』，手錶的零件路線層層疊加，最終匯合到終點——象徵著兩個人美好愛情的鑽戒。縱使山河有恙，不敵世間深情。」

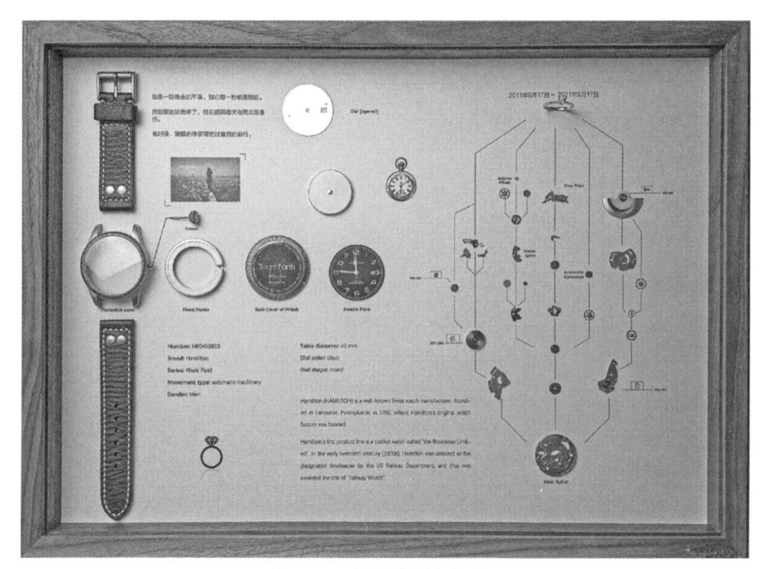

圖 1-2　林西裝裱作品 1

再比如，有一位客戶請林西對一台戴爾筆記型電腦進行裝裱，如圖 1-3 所示。

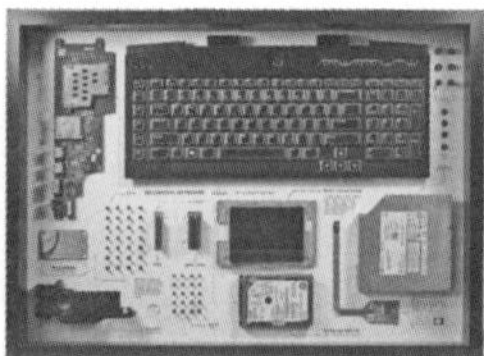
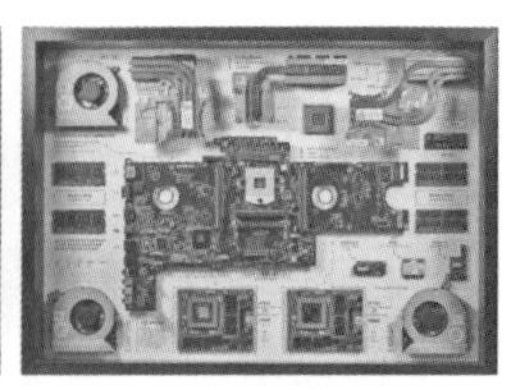

圖 1-3　林西裝裱作品 2

這位客戶是一位創業者，在創業初期，這台筆記型電腦陪他度過了無數個不眠不休的深夜和凌晨。現在，他創業成功了，也換了新筆記型電腦。但是，那段艱苦的創業歲月最是難忘。所以，他請林西把這台筆記型電腦裝裱起來，並把他的創業團隊照片和創業歷程描述都設計到這個作品中，以此來時時提醒自己：哪有什麼一夜成名，其實都是百煉成鋼。

這哪是手機裝裱師，這是故事鐫刻師。把故事鐫刻在時間上，才能被永遠銘記。

在充滿不確定性的 2022 年，林西沒有在熟悉的世界裡尋找安全感，而是到未知的世界裡尋找新機會。剛畢業不久的林西，靠「手機裝裱師」這個創造性的新職業，年收入幾百萬元。

在熟悉的世界裡，有安全感。但是，在不確定的世界裡，卻有大量的新機會，有洶湧澎湃、呼嘯而來的「物種大爆發」。

大約在 5 億年前，地球上出現過一個很難解釋的現象，那就是：在非常短的時間內，同時誕生了大量新物種。這些物種種類繁多，差異極大，身體結構有著根本的不同。大部分現代動物的祖先，都在這時候出現了。因爲這一現象發生在寒武紀，所以被稱爲「寒武紀生命大爆發」（Cambrian Explosion）。

對於「寒武紀生命大爆發」，即使是達爾文都認爲無法解釋。1859 年，他在論述生命演化的著作《物種起源》中寫道：「這件事情到現在爲止都還沒辦法解釋。或許有些人剛好就可以用這個案例，來駁斥我提出的演化觀點。」

果然，在這之後的上百年裡，「寒武紀生命大爆發」一直是進化論的軟肋。正如達爾文所料，無數人用這一現象來否定進化論。

爲什麼達爾文的進化論很難解釋「寒武紀生命大爆發」呢？我們知道，整個進化論的理論大廈有一個根基：物競天擇，適者生存。

一開始長頸鹿的脖子並不長，我們可以叫牠們「短頸鹿」。牠們其實並不知道如何獲得競爭優勢，只會拚命地生、拚命地生。生的數量足夠多，就會發生各種意料之外的隨機變異，比如，有的短頸鹿脖子變長了，有的短頸鹿腿變粗了，有的短頸鹿突然會算微積分了。這就是「物競」。那麼，哪一種短頸鹿能活下去呢？不知道。沒關係，交給「天」來選。正好，低處的樹葉都被吃完了，只有高處還有。於是，那些脖子長的短頸鹿就活下來了。這就是「天擇」。物競天擇，適者生存，於是，就有了長頸鹿。

但是，「物」一直沒有停止過「競」，「天」也一直沒有停止過「擇」。如果「物競天擇」是個持續的過程，從不停止，那麼，整個進化的過程應該總體是平穩、均勻的吧。突然出現大量物種，這一現象確實很難解釋。

雨下得越大
道路越泥濘
你就越有機會彎道超車

安全感來自確定性
但機會藏在不確定性中

那麼，「寒武紀生命大爆發」推翻了進化論嗎？

生命科學家、《王立銘進化論講義》的作者王立銘老師給出了他的答案：並沒有。相反，「寒武紀生命大爆發」證明了進化論。

隨著對寒武紀的研究越來越深入，生物學家們對這次生命大爆發有了越來越清晰的認知。他們發現，有很多原因導致了這次生命大爆發的出現，比如結構基因[5]的出現、捕食者的壓力，等等。但是，在所有這些原因中，有一個原因非常重要，那就是寒武紀之前的一次物種大滅絕。這次大滅絕爲整個自然界騰出了大量的生態位[6]，這些突然空出來的生態位帶來了很多不確定性，正是這些不確定性孕育了大量的新物種。

安全感來自確定性，但機會藏在不確定性中。

5　結構基因指的是決定某一種蛋白質分子結構的相應的一段 DNA 或染色體序列。

6　生態位又稱生態龕，是指一個種群在生態系統中，在時間、空間上所占據的位置及其與相關種群之間的功能關係與作用，表示生態系統中每種生物生存所必須的生態環境最小閾值。

每一個彎道裡，都有你超車的機會

著名 F1 賽車手艾爾頓·塞納（Ayrton Senna）有一句名言：「你不能在晴天超過 15 輛車，但在下雨天你可以。」雨下得越大，道路越泥濘，你就越有機會彎道超車，因爲機會藏在不確定性中。只要你能看清那些被雨水和泥濘遮蔽的彎道，你就有機會彎道超車。

有哪些彎道？**意外**、**周期**、**趨勢**、**規劃**。在這四個彎道裡，任意一個都有你超車的機會。

那麼，到底什麼是意外、周期、趨勢和規劃？接下來，我來帶你認識一下它們。

我們都知道，兩點之間的直線距離是最短的。但是，前進的道路怎麼會是筆直的，總會有一個個波折。這一個個波折，就是意外。

比如，公司有一個專案很重要，所有人都在爲趕工期加班加點，突然，一個關鍵同事離職了，專案被迫延期，這就是意外。

再比如，你買了一家水產公司的股票，但你怎麼都想不到，突然有一天，他家養的扇貝竟然「跑了」，這就是意外。

在 2022 年 2 月之前，你能預測到俄烏衝突的發生嗎？我估計你不能。在上海復興公園內，有兩位退休老人，一位支持烏克蘭，一位支持俄羅斯，互不相讓，竟然打起來了，甚至致其中一位的耳朵流血受傷。俄烏衝突是意外，因爲俄烏衝突而致耳朵流血受傷更是意外。

意外總在發生，但意外也終會回歸。意外帶來的震盪，時大時小，時快時慢，但最終都會回歸到一條主線上。這條主線就是「意料之外、情理之中」的確定性。

只是，這條主線並不是一條直線。

比如豬肉價格。根據農業農村部「全國農產品批發市場價格資訊系統」的監測數據，2022 年 10 月，全國豬肉平均批發價格是 34.16 元 / 千克[7]。你覺得這個價格是貴還是便宜？有一組數據，你可以對比來看：2022 年 4 月，全國豬肉平均批發價格是 18.52 元 / 千克，2021 年 12 月的批發價格是 23.98 元 / 千克，2021 年 10 月的批發價格是 19.51 元 / 千克。可見，從 2021 年 12 月到 2022 年 4 月，價格是下跌的，而從 2021 年 10 月到 2021 年 12 月，價格又是上漲的。

你發現了嗎？豬肉價格其實一直在變，並且這種變化呈現出一種周期性，如圖 1-4 所示。如果拉長時間軸來看，這種周期性會更加明顯。

7　本書所提到之價格均為人民幣，如有其他幣值會特別註明。

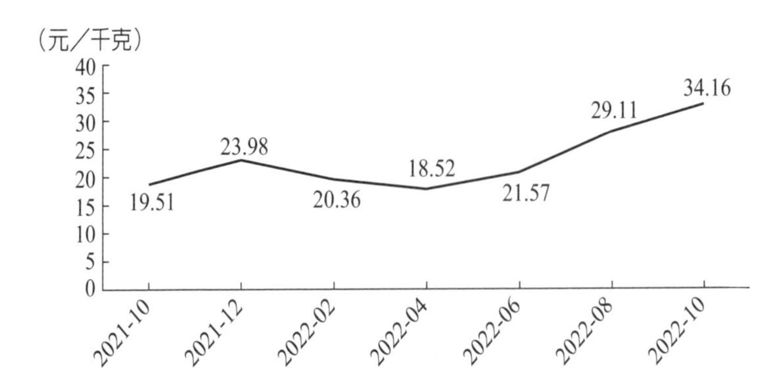

圖 1-4　2021 年 10 月~2022 年 10 月全中國豬肉平均批發價格變化圖

資料來源：中華人民共和國農業農村部官網

經濟學家任澤平曾經發布過一張 22 個省市豬肉平均價格波動圖，如圖 1-5 所示。

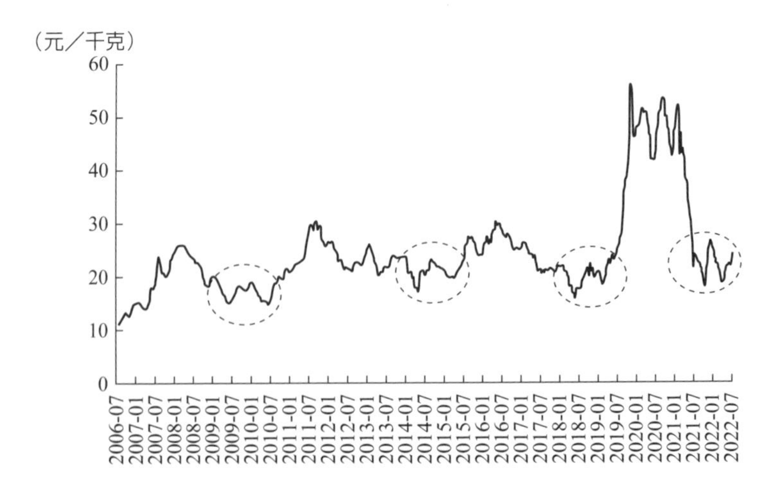

圖 1-5　2006 ~ 2022 年 22 個省市豬肉平均價格波動圖

資料來源：Wind，澤平宏觀

圖 1-5 呈現的是 2006 ~ 2022 年 22 個省市豬肉平均價格的變化，從這張圖上可以看出，在過去的 16 年裡，這些省市的豬肉價格經歷了四個非常明顯的周期，先升後降，再升再降，如此往復。

很多人會感到不解：價格不是由供需關係決定的嗎？中國人一年吃多少豬肉，總體上來說是平穩的，那麼，豬肉價格也應該是總體平穩的吧，爲什麼會呈現周期性呢？

對於這個問題，如果你站在養豬戶的角度去思考，很快就能想明白。

當豬肉供應量小、老百姓買不到豬肉的時候，豬肉的價格就會上漲，這樣一來，養豬戶就會賺錢。一看到養豬賺錢，就會有更多人養豬，豬肉的供應量因此迅猛增長，導致供大於求，這時豬肉價格又開始下跌，養豬戶開始虧錢。這就是「豬賤傷農」。在這種情況下，很多人不養豬了，豬肉供應量隨之減少，而豬肉價格開始上漲，養豬戶又賺錢了。如此往復，這就是「豬周期」。

你可能會想：養豬戶不會這麼傻吧，明明知道有周期，爲什麼不「反向操作」？這樣不就可以逆勢賺錢了嗎？

是的，很多養豬戶是這樣想的。

但也有養豬戶會想：大家都不傻，都會「反向操作」，那我只有「預判你的預判，反向你的反向」，才能眞的賺到錢。

於是，中國的所有養豬戶都在做自己「情理之中」、別人

「意料之外」的決策，這些決策最終就彙聚成了一條漲跌交替的曲線。這就是「周期」。

意外充滿不確定性，周期比意外確定，但是，周期也是一種震盪，而且是一種更大幅度的震盪。這種震盪是不是最終也會回歸到一條主線上呢？

是的。但是，從長遠看來，周期最終回歸的主線即「趨勢」從來都不是水平向前的，而是斜直向上的、不可逆轉的。

怎麼理解趨勢？我們來看幾張圖。

第一張圖是一幅 19 世紀的油畫，如圖 1-6 所示。

圖 1-6　19 世紀的油畫

在這幅油畫上，兩位工人正在架設電纜，送信的郵差騎著一匹馬從旁邊疾馳而過。這位郵差可能永遠也不能理解，這一根根桿子未來竟然會取代他的工作，更理解不了，郵差被電話取代是不可逆轉的趨勢。

第二張圖是 1900 年紐約第五大道的照片，如圖 1-7 所示。

圖 1-7　1900 年紐約第五大道的照片

1900 年，跑在紐約第五大道的主路上的都是馬車。汽車在哪裡？如果你仔細看的話，有幾輛汽車跑在銜接道路上，很遭嫌棄的樣子。是的，在那個時代，汽車是被馬車嫌棄的。甚至，1865 年英國還頒布了一部《機動車法案》。這部法案規定，每一輛在道路上行駛的機動車都必須由 3 個人駕駛，其中一個人必須在車前方 50 米以外，一邊步行一邊揮舞一面紅色的小旗子爲機動車開道，並且機動車的速度不能超過每小時 6.4 千米。爲什麼？怕嚇著馬。

但到了 1913 年，情況就發生了變化，如圖 1-8 所示，這是 1913 年紐約第五大道的照片，這時主路上跑的已經全都是汽車了，馬車只能跑在銜接道路上。不管馬車多麼嫌棄汽車，它被汽車取代都是不可逆轉的趨勢。

圖 1-8　1913 年紐約第五大道的照片

第四張圖是 20 世紀初的一幅漫畫，如圖 1-9 所示。

這幅漫畫是當時的人們用來諷刺電力設施的——有人被密密麻麻的電線纏繞在了半空。當時的人們一定覺得電線這種東西是反人類的，很可笑。但是，今天我們再回過頭來看這幅漫畫，會覺得他們才是眞正可笑的。因爲我們早已知道，油燈被電燈取代是不可逆轉的趨勢。

曾經的不可思議，都是今天的理所當然。可是，爲什麼趨勢一定是不可逆轉的呢？因爲，效率提高了。

圖 1-9　20 世紀初的漫畫

遠古時期，人類是怎麼砍樹的？把一塊石頭扔到地上砸碎，然後用石頭鋒利的邊緣去「磨」一棵樹，可能要花整整一天的時間才能「磨」倒一棵樹。

後來，人類發明了斧子，用斧子「砍」樹，一天可以砍 10 棵樹。以前，用一棵樹能換回 10 塊肉；現在，用 10 棵樹能換回 30 塊肉、3 件衣服、2 件武器和 10 條魚。

這就是效率。有了斧子，人類再也回不到石器時代了。

再後來，人類發明了電鋸，用電鋸「鋸」樹，一天可以鋸 100 棵樹。人們可以用這 100 棵樹換回自己所需要的吃的、喝的、用的，並且還有富餘，於是，把這些富餘的分給音樂家，請他們創作美妙的音樂；分給科學家，請他們研究更先進的工具；分給天生不幸的人，讓他們不至於凍斃於風雪之中。

這就是效率。有了電鋸，人類再也回不到鐵器時代了。

很多人經常說「長期主義」，什麼是長期主義？長期主義就是把公司的戰略鎖死在趨勢的延長線上，絕不動搖。從長遠看來，趨勢一旦發生，就再也不會回頭，因爲高效一定會打敗低效。

趨勢比周期更確定，而規劃又能引領趨勢。

那麼，什麼是「規劃」？

岷江是長江上游的一條重要支流，年均徑流量相當於黃河的 1.5 倍。岷江的水從青藏高原，流經成都平原，在宜賓匯入長江。和大部分江河一樣，岷江冬春水少，常常有旱災；夏秋水多，常常有澇災。

怎麼辦？

公元前 256 年，秦國蜀郡的郡守李冰和他的兒子決定在岷江上建設一個水利工程，重新規劃岷江的水流，造福百姓。這個水利工程就是著名的都江堰。

李冰父子對岷江的規劃包含三個重要的設計：魚嘴、寶瓶口和飛沙堰，如圖 1-10 所示。

魚嘴是一個分水工程，它把岷江分成了內江和外江。內江的水從寶瓶口流入了成都平原，用於灌溉；外江的水流入主幹道，匯入長江。

但這不是重點。魚嘴這個設計，眞正令人拍案叫絕的是它

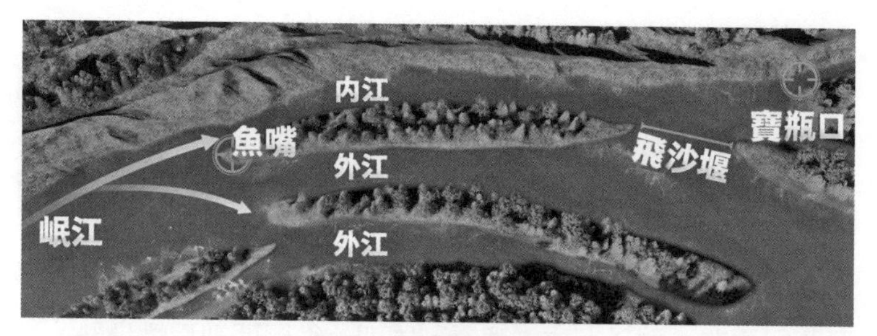

圖 1-10　都江堰全圖

的水下結構——內江很窄但是很深，外江很寬但是很淺。冬去春來，當岷江的水位很低時，魚嘴會使四成的水流入又淺又寬的外江，六成的水流入又窄又深的內江，保證大部分的岷江水流向成都平原，滿足灌溉的需要。夏去秋至，當岷江水位升高時，魚嘴又會使六成的水從外江流走，四成的水從內江進入成都平原，避免農田被淹。

這個設計實在是太聰明了。可是，如果水還是多，怎麼辦？

為了解決這個難題，在內江水進入成都平原的寶瓶口旁邊，李冰父子設計了飛沙堰。當內江的水位高於飛沙堰的時候，多餘的水就會從這裡排入外江，從而保證成都平原的水量穩定。

2000 多年前，李冰父子完全沒有借助任何現代科技，就透過魚嘴、寶瓶口、飛沙堰的規劃，把曾經旱澇無常的成都平原改造成了擁有幾十萬公頃良田的天府之國，造福了千千萬萬子孫後代。

這就是規劃的力量。規劃就像河床一樣，讓浩浩蕩蕩的趨勢之河爲人所用，而不是與人爲敵。

現在，我想你一定理解了什麼是意外、周期、趨勢、規劃。回到最開始的問題：如何從不確定性中找到確定性？**答案其實很簡單，就是從意外裡看到周期，從周期裡看懂趨勢，從趨勢裡看清規劃**。

接下來，讓我們一起化解意外，穿越周期，鎖死趨勢，擁抱規劃。

Part 2
化解意外

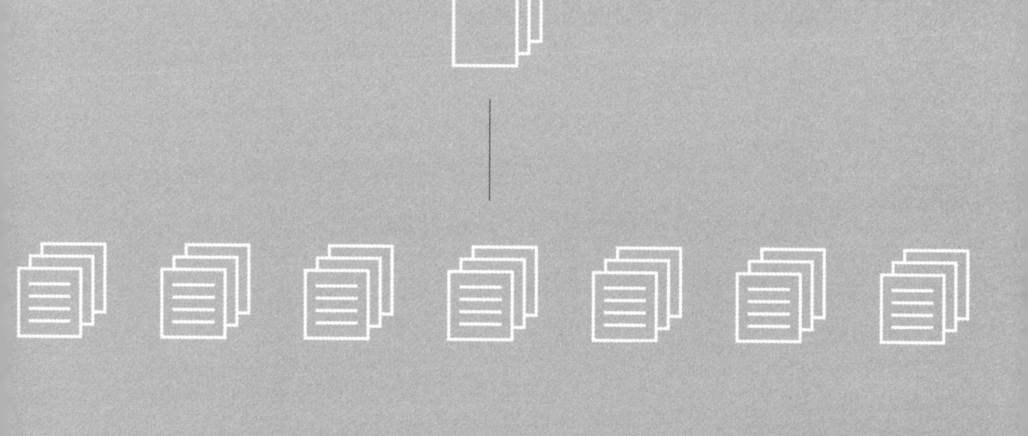

若你充滿彈性，總能化解意外

我們先從俞敏洪的故事開始講起。

如果我說 2021 年俞敏洪遭遇了常人難以想像的「意外」，可能不會有人反對。大家都知道，新東方在教培行業構建了強大的「護城河」。但是，突然之間，「城」沒了，於是，這條「護城河」的價格瞬間跌去了 95%。

與新東方同樣遭遇這個意外的，還有其他教培機構。沒有學生交學費了，甚至還要退學費，但薪水依然要付，這導致大量教培機構現金流斷裂。困境之中，很多教培機構選擇了欠款跑路，但俞敏洪沒有這麼做。

俞敏洪宣布，新東方會退還所有學生的預繳學費，支付所有老師的離職薪水，還把退租教學地點後多出來的 8 萬套課桌椅捐給了鄉村學校。俞老師的做法非常有擔當，讓人感動、敬佩。

2022 年 5 月，我和俞敏洪老師在「劉潤直播間」進行了一場對話。當時，我問他：「為這樣的擔當，需要準備多少錢？」俞老師回答說：「200 億元。」200 億元，這是多少上市公司一輩子都賺不到的錢。

我問：「這 200 億元就一直趴在帳戶上嗎？董事會沒意見嗎？」

俞老師說：「董事會當然有意見。但是，這 200 億元給新東方的經營帶來了很大的彈性。其實，早在 2003 年『非典』（SARS）期間，新東方就遇到過一次類似的危機。那次，因爲『非典』的暴發，各個校區都不能上課了，收入沒有了，支出還很大。我非常焦慮，到處找人借錢。最後，一個好朋友連借據沒寫，就給了我 3000 萬元。靠這 3000 萬元，新東方度過了那次危機。從此以後，我就要求新東方的帳戶上始終要有足夠退還所有學費、支付所有工資的現金。面對再大的誘惑，這筆錢都堅決不能動，除非換掉我這個董事長。」

企業隨時都有可能遭遇意外，所以，必須保持彈性，用彈性化解意外，這樣才能做到「存心時時可死，行事步步求生」。

什麼是彈性？

我們來做一個實驗。假如現在我們面前的桌子上有三樣東西，分別是花瓶（薄瓷材質）、泥人和籃球。現在，我們來製造「意外」：把這三樣東西一個一個扔到地上。結果會怎麼樣？

我們先扔花瓶。果然，花瓶碎了。薄瓷材質的花瓶只受到很小的外力撞擊，內部結構就會斷裂，外部形狀就會被破壞。它經不起一點點意外。這種一受力就會被破壞的特性，叫作「脆性」。

接著，我們再扔泥人。泥人被摔成了泥，再也回不到原來的樣子，「意外」重塑了它。這種一受力就變形並且再也變不回來的特性，叫作「塑性」。

最後，我們扔籃球。籃球在地上彈了幾下，完全沒有損壞。什麼叫「彈」了幾下？就是先短暫變形，再快速恢復。這種受力後先變形再恢復的特性，就叫作「彈性」。

脆性、塑性、彈性，具有這三種特性的企業也是不一樣的。

一家具有「脆性」的企業，就像是花瓶。平常看上去很光鮮，但稍微遇到一點點意外，就潰不成軍、七零八落。

一家具有「塑性」的企業，就像是泥人。不出問題的時候，什麼都好；一出問題，就行爲扭曲，甚至價値觀變形，美其名曰「一切都是爲了生存」。

而一家充滿「彈性」的企業，就像是籃球。不管遇到什麼意外，總能再次站起來。就像得到 App 創始人羅振宇老師所說：「躺不平，又卷不贏，怎麼辦？蹲下。」只要你「柔軟」而不「脆弱」，總能化解意外。

在歲月靜好的時候，花瓶有花瓶的美，泥人有泥人的美。可是，當意外來臨時，我祝願你是一個富有彈性的籃球。

財務彈性能「救命」，活下去很重要

日本豐田公司提出過一個著名的管理理論，叫作 JIT（Just In Time），也就是「即時生產」。

舉個例子。下午 3 點，豐田的生產部門接到了一個任務：馬上裝配一輛汽車。管理者一看清單，發現還缺一個配件，怎麼辦？從庫房調貨嗎？不，「即時生產」的流水線是不備庫存的。豐田會通知配件供應商：「請於今天下午 2：30 把這個配件送到流水線廠房門口。」下午 2：30，配件果然準時送到，流水線馬上開始裝配。這就是「即時生產」。

「即時生產」大幅度降低了豐田的生產成本，是豐田獲得這麼大成功的重要原因。

但是，這看似極致的效率背後，有著同樣極致的「脆性」。萬一供應商也沒有庫存呢？萬一車在路上拋錨了呢？

你或許會說：「那不可能，我們的供應商都非常專業。」是的，在歲月靜好的時候，這的確不可能，可一旦遇到眞正的意外，那就不一定了。

2020 年 5 月，豐田宣布它在日本的多家工廠停產。因爲全球新冠疫情導致配件缺貨，再專業的供應商也無法「準時」把配件送到流水線廠房門口了。而哪怕只缺一個配件，也會導致汽車無法生產。就這樣，豐田的「即時生產」變成了「隨時停工」。

怎麼辦？

豐田的對策是：開始囤積汽車配件，用庫存來增加彈性，然後用彈性化解意外。雖然這增加了成本，但豐田必須這樣做。

是的，彈性是有成本的，但是「猝死」的代價更大。

你可以把全部的錢都花在汽車發動機的研發上，以獲得令人驚嘆的速度，但我還是建議你稍微留點錢，給汽車配個安全氣囊，因爲彈性可以化解意外。

那麼，彈性到底是怎麼化解意外的呢？

一家企業用彈性化解意外的過程有三個步驟：先「救命」，再「治病」，然後「養生」。

一個人突然摔倒在地上，血流不止，你看到這種情況應該怎麼辦？立刻撥叫救護車把他送進醫院，確保他能活下去，這是「救命」；然後，醫院開始尋找眞正的病因，對症下藥，使他逐漸好起來，這是「治病」；而「養生」，就是這個人在出院後痛定思痛，從此改變生活習慣，讓自己變得更健康。

遇到意外，應該先「救命」，再「治病」，然後「養生」。

很多年前，上海有一棟 28 層的公寓發生了火災。這是一個重大的意外，很多人因此喪命。這讓我開始思考：如果是我遇到了這樣的意外，如何才能救自己的命？想來想去，我買了一個升降梯。遇到火災的時候，我可以把這個升降梯的一頭掛在牆上，把另一頭的安全繩繫在身上，然後縱身一躍。我家住在 18 樓，如果升降梯的說明書沒騙我的話，我會緩緩地降落到一樓。這時，安全繩的另一頭又升到了 18 樓，另一個人又可以像我一樣縱身一躍。如此往復。

這個升降梯我買了很久，但從來沒有用到過。不過我知道，如果真的遇到意外，這個升降梯能救命。

有一次我去昆山出差，和一位企業家聊起了這件事，他對我說：「潤總，我們想到一塊兒去了。」我說：「啊？你也買了一個升降梯？」他笑了笑，說：「不，我買了個熱氣球。」

新東方帳戶上的 200 億元，就是它的「升降梯」，就是它的「熱氣球」。這 200 億元所帶來的財務彈性是巨大的，可能一輩子都用不上，但是，如果真的遇到意外，這 200 億元能「救命」。

遇到意外

應該先救命，再治病，

然後養生

你能好
一定是因為很多人希望你好

如果你是企業主，是管理者，我建議你一定要像新東方一樣保持財務彈性，降低槓桿，留足現金，哪怕少賺錢。要牢記：安全第一，活下去才有繼續戰鬥的機會。

2020 年 6 月 8 日，我帶領「問道中國」的企業家一起參訪了百勝中國。百勝中國是中國最大的餐飲集團，旗下有肯德基、必勝客、小肥羊等多家知名連鎖餐飲企業。

在百勝中國的總部，我和 CEO 屈翠容面對面深聊了一次。她當時說的很多話都讓我印象深刻，其中有一句話我到現在都記得：「我們是做實業的，現金爲王。有時候，現金比什麼都靠譜。」

她在 2020 年新冠疫情暴發時就算過一筆帳，即便公司完全沒有收入了，現金流也能支撐發員工 1 年的工資。強大的現金流給了她底氣，所以她心裡不慌。也正是因爲不慌，她才能做出很多正確的經營決策，才能帶領這個龐大的餐飲帝國不斷向前。

如果你的現金流不充裕，如何在短期內快速獲得現金流呢？

第一種辦法是尋求股東的幫助。請股東追加投資，或者向股東借款。

第二種辦法是儘快賣出存貨，換成現金。比如，你的餐廳囤了大量的新鮮食材，剛好你發現周圍的居民都買不到菜，這時你可以和美團、餓了麼等外賣平臺合作，把食材賣了換成現金。爲了儘快賣掉存貨，寧可少賺一點，打折出售，因爲這時候「保命」最重要。

第三種辦法是延期支付應付款項。比如，你可以和房東商量一下能不能延期支付房租。同時，你還可以密切留意政府出的相關政策，如果有延期繳納稅款、減免中小企業房租等政策，一定要把握住。

第四種辦法是酌情減少固定成本，比如削減廣告行銷費用、培訓費用等。

用彈性化解意外，需要先「救命」。而現金流就是公司的命，因此，保持財務彈性是讓公司活下去的一項很重要的措施。

我突然想起我的父母，我每次給他們錢，他們都不用。爲什麼？因爲他們總擔心我有一天會破產。如果眞的有那麼一天，他們會從床底下拿出這些錢，對我說：「拿去，東山再起。」這些錢，就是他們爲我準備的力所能及的「財務彈性」。

全域經營，在逆境中保持業務彈性

「救命」之後又該怎麼做呢？「治病」，好起來。

如何好起來？分散業務風險，增強業務彈性，防止再次猝死。

2012 年 12 月，在 CCTV 中國經濟年度人物頒獎典禮上，王健林說阿里巴巴很厲害，但他不認爲電商一出來，傳統零售通路就一定會死。

阿里巴巴創始人回應說，電商是不可能完全取代傳統零售行業的，但它會基本取代傳統零售行業。

王健林反擊道：「2022 年，也就是 10 年後，如果電商在整個中國大零售市場占到 50% 的份額，我就給他 1 億元。如果沒到，他給我 1 億元。」

這就是轟動一時的「億元賭局」。

時光飛逝，10 年彷彿就是一瞬間。你覺得會是王健林贏呢，還是阿里巴巴創始人贏呢？

本著看熱鬧不嫌事大的心態，我放下手中繁重的工作，查了一下數據。國家統計局數據顯示，2012 年電商的交易規模占中國社會消費品零售總額的 6.23%。2013 年，這一比例擴大到了 8.04%。2014 年，突破了 10%，達到 10.60%；2019 年，突破了 25%，達到 25.07%；2021 年則達到 29.70%。這個變化趨勢如圖 2-1 所示。

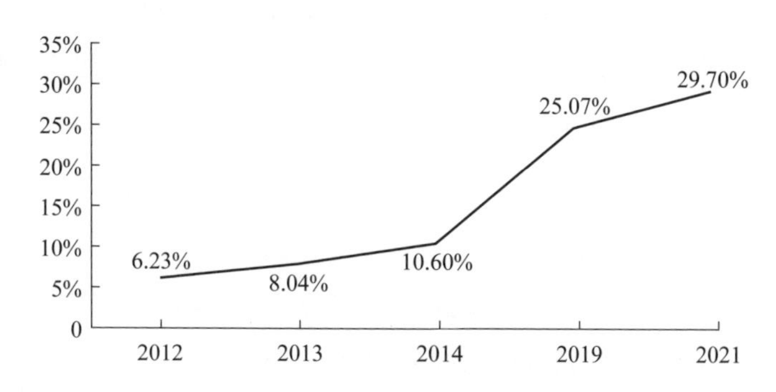

圖 2-1　電商交易規模占中國社會消費品零售總額比例變化圖

如果市場沒有發生逆天的變化，那麼 2022 年電商的交易規模占中國社會消費品零售總額的比例達到 50% 應該是機會不大了。那麼，這是不是說王健林就贏了呢？

也不一定。因爲 10 年之後的 2022 年，人們突然發現，再也分不清楚線上和線下了。

比如，你覺得瑞幸咖啡是一家線上公司還是一家線下公司？

你可能會說：「當然是線上的，因爲它家是用手機下單的。」

沒錯。可是，我是站在它家門市問咖啡師：「你推薦什麼」，他說「海鹽芝士厚乳拿鐵」後，才打開手機準備下單的。

你猶豫了：「那這樣應該算線下吧。」

沒錯。可是，我剛要下單，發現排在我前面的一個人點了50多杯咖啡，於是，我把訂單改成了「外送」，然後回到辦公室等著外賣員把咖啡送上門。請問，這是線上還是線下？

你馬上回答：「外賣啊，這應該算線上吧。」

你看，你可能再也分不清楚線上和線下了。

在這種情況下，再繼續糾結於是線上還是線下已經毫無意義了，你要做到的是以消費者爲中心，全域經營，這樣才能增強企業的業務彈性，就算是天塌下來，都有一攤生意能夠賺錢。正如瑞幸咖啡的首席增長官（CGO）楊飛所說：「線上線下，從來都不是關鍵。用戶在哪裡出現，我們就應該去哪裡，這才是關鍵。」

全域經營就是線上線下貫通、公域私域貫通的經營，它使你既能在線下觸及用戶，也能在線上觸及用戶；既能在公域觸及用戶，也能在私域觸及用戶。

爲什麼要做全域經營？要回答這個問題，你需要理解兩個非常重要的商業模型——浴缸模型和飛輪模型。

假設有一個浴缸，打開浴缸上方的水龍頭往裡面放水，同時打開浴缸底部的排水閥排水，如果流入的速度比流出的速度快，浴缸裡的水量就會變多，因爲流入量大於流出量。這就是浴缸模型，如圖2-2所示。

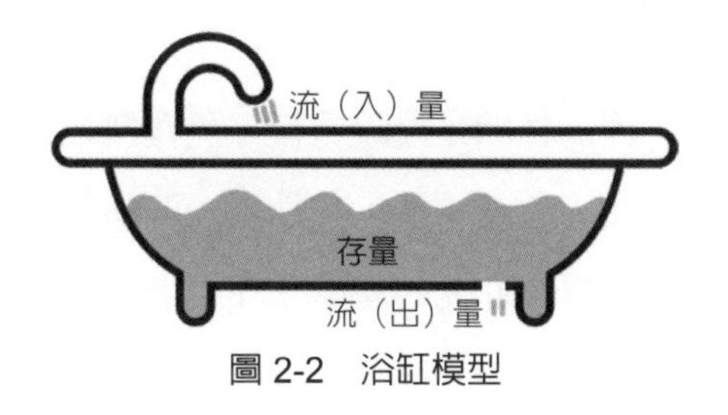

圖 2-2　浴缸模型

如果有一天流入的速度變慢了，流入量比流出量少了呢？或者說，換成網路語言——你購買流量的成本變高了呢？

比如，老王有一款成本爲 50 元、售價爲 200 元的產品，「流入」速度快也就是流量成本低的時候，他只花 30 元就可以獲得一個客戶，那麼每售出一個產品他就能賺 120 元（200-50-30=120 元）。老王很開心。

可是後來大家看到這款產品這麼賺錢，紛紛賣同樣的產品，慢慢地，流量成本就提高了，老王可能就需要花 130 元甚至 150 元才能獲得一個客戶了。這時，老王非常痛苦，他開始思考一個問題：爲什麼之前他沒有把觸及的客戶積累到私域裡？

如果在觸及一個客戶的成本是 30 元的時候，老王讓客戶在購買產品的同時加自己的企業社群——這樣做當然是有成本的，我們假設分攤到一個客戶的成本是 20 元，那麼，老王就從每售出一個產品賺 120 元變成了賺 100 元（200-50-30-20=100 元），但同時獲得了一個私域用戶。隨著積累的私域用戶越來越多，即使獲取公域流量的成本變得越來越高，老王仍然可以賺錢，因為私域是可以重複、免費觸及的。而且，正因為私域可以重複、免費觸及，在私域裡的產品售價可以更便宜，比如在公域裡賣 200 元的產品，在私域裡即使賣 160 元，老王仍然能賺 110 元（160-50=110 元）。

因為在私域裡能得到實惠，所以就會有更多的人想要加入老王的私域。這就是飛輪模型，如圖 2-3 所示。

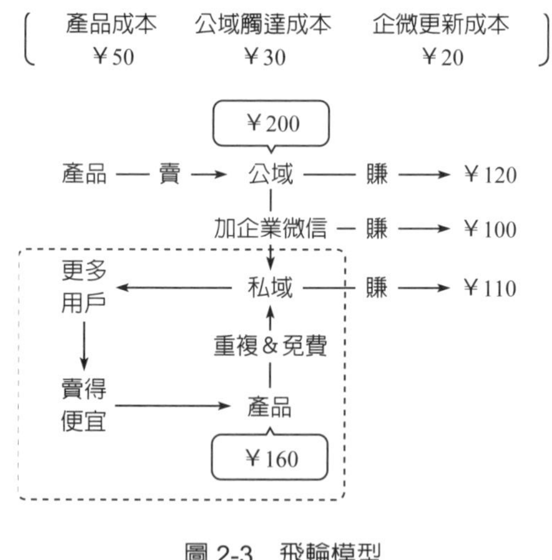

圖 2-3　飛輪模型

很多人都聽說過亞馬遜的飛輪模型，它指的是當消費者能夠買到很便宜的東西時，他們就會自然而然地買更多；當他們購買更多的東西時，企業就有了更大的採購量，因此可以用更便宜的價格進行採購；這樣一來，商品的售價也會更便宜……價格更便宜，量就更大，量更大，價格就更便宜，彼此推動，像一個飛輪一樣一直往前滾動。

在過去的兩年裡，我不斷地和很多企業分享經營私域的重要性——掌握了私域就相當於掌握了一份資產。

資產是可以給你帶來持續現金流的東西，比如你擁有一套房子，你可以把它租出去，從而獲得租金。而如果你擁有一個私域用戶群，這個群就可以以幾乎 0 成本的方式不斷地爲你帶來複購（Repurchase rate），從而讓你持續不斷地獲得現金流。私域和房子一樣，都是你的資產。你不斷推動這個飛輪，你的資產（私域）就會越推越豐厚。

所以，我建議每一位創業者都要做全域經營，要從浴缸模型走向飛輪模型，這才是可持續的發展模式。

那麼，我們該如何做好全域經營呢？

我認爲，作爲全域經營的基石，私域在未來可能會加上很多新科技、新工具，在這裡，我給大家列舉兩種可能。

第一種可能是「私域 + 數字化」。

我們還是以瑞幸咖啡爲例。兩年前，瑞幸咖啡遭遇了很大的危機，但 2022 年 5 月瑞幸咖啡發布的 2022 年一季報顯示，一季度瑞幸咖啡實現收入 24 億元，同比增長 89.5%，並實現成立以來首次整體盈利。這充分說明，瑞幸咖啡已經度過了危機。

瑞幸咖啡是怎麼做到的？背後的原因有很多，但其中非常重要的一點是向數據化要生產力。

楊飛和我講了一個故事。瑞幸咖啡有很多用戶習慣在上班的路上買一杯咖啡，但是，他們結合氣候觀測資料發現，一到下雨天，用戶可能就不進店了，怎麼辦？瑞幸咖啡會透過企業微信發給用戶一張「雨天優惠券」，告訴用戶：「雨天小心意，暖暖喝一杯。你的城市下雨，我就送過去。」這樣一來，即使下雨，用戶也願意叫一杯瑞幸咖啡外賣。

這就是「私域＋數字化」的力量。

第二種可能是「私域＋直播」。

2022 年，最熱門的商業模式可能是直播電商，所以，我花了很多時間參觀、訪問、調研這個行業的頂尖企業。

2022 年 7 月 30 日，我去了一趟新東方的東方甄選直播間。我和董宇輝、俞敏洪老師三個人一起，用了差不多半個小時的時間賣了 5.2 萬本書。

5.2 萬本！你知道這意味著什麼嗎？

如果是在線下書店，即使店員向每一個進店的顧客都極力推薦同一本書，說得眉飛色舞、聲情並茂、口沫橫飛，可能一天也只能賣出去 100 本。想要賣出 5.2 萬本書，意味這家書店需要有 520 個這樣的店員，這是一筆多麼巨大的成本！但是，在直播間裡只需要 3 個人、半個小時就能做到。這中間節省下來的人力成本、時間成本，都源於直播帶來的規模效應。

感謝東方甄選，讓我深刻體會到直播帶貨這種商業模式帶來的震撼。

除了去東方甄選直播間，我還帶隊去了交個朋友直播間，它的聯合創始人黃賀和我分享了兩組數據。

第一組數據是關於直播規模的。國家統計局公布的數據顯示，2021 年，中國電商總規模達到了 13.1 萬億元，同比增長 14.1% ；而中國直播電商的規模達到了 2.36 萬億元，同比增長 83.35%，增速遠比其他電商快。直播電商規模在電商總規模中的占比已經達到 17.97%，發展極爲迅速。

第二組數據是關於流量來源的，如圖 2-4 所示。

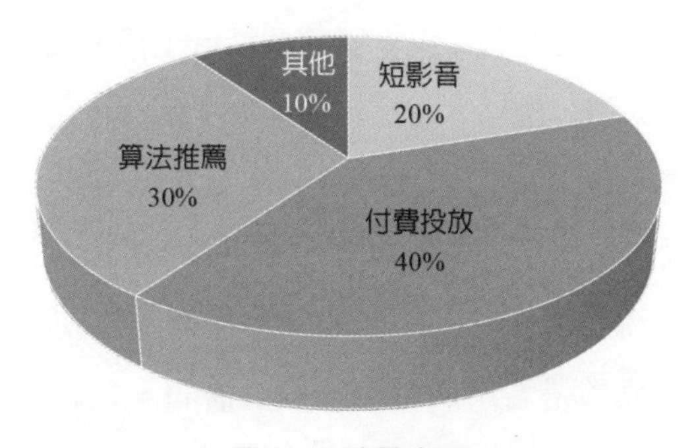

圖 2-4　流量來源

黃賀說，大約 20% 的用戶是看了短影音之後點擊進入電商直播間的；大約 30% 的用戶來自平臺的算法推薦，這對直播間來說是免費的自然流量；而比例最大的約 40% 的用戶來自付費投放。

這兩組數據放在一起看很有意思，一邊是大量從業者瘋狂地湧入直播電商行業，直播電商規模同比增長 83.35% ；而另一邊，付費投放是流量的最大來源。也就是說，在進入電商直播間的 100 個人中，有 40 個人是花錢買來的。

我們都知道，供需關係決定商品價格。當直播間的數量爆發式地增長，而觀看直播的人數無法同步增長的時候，流量的價格一定會越來越貴。

那怎麼辦？做私域直播。

2022 年 9月，我們在影音號裡開啓了一項私域直播的實驗——潤米優選。這項實驗的基本邏輯是暫時完全不從公域購買流量，只借助公眾號、影音號這些私域工具來觸及用戶，並把購買流量的錢以優惠、贈品等各種方式補貼給用戶，看看這種方式是否可行。截至 2022 年 10 月 30 日，潤米優選總共做了四場直播，積累了一些數據。

直播電商有兩個非常重要的基本模型：停留模型和成交模型。停留模型是看用戶是否喜歡直播間，只有喜歡才會停留。停留模型的重要指標是停留時長。成交模型是看用戶是否信任直播間，只有信任才會購買。成交模型的重要指標是 UV（Unique Visitor，獨立訪客）價值。UV 價值就是人均消費。如果有 100 個人進入直播間，最終買了 300 元的東西，那麼 UV 價值就是 3 元。

接下來，我們來看一下私域直播的實驗數據。

首先看停留時長。公域直播間的平均停留時長一般在 1 分鐘左右，來了就走，是純粹的買賣關係。而潤米優選私域直播的實驗結果是平均停留時長爲 12.42 分鐘。私域的用戶可能因爲喜歡而更願意停留。如圖 2-5 所示。

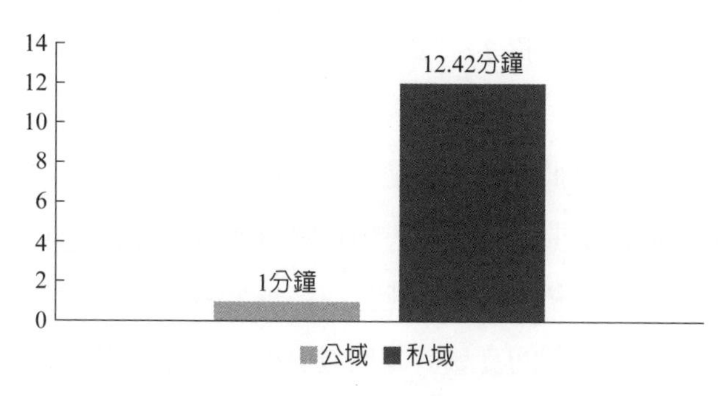

圖 2-5　公域與私域停留時長比較

再看 UV 價值。2022 年 9 月，公域排名前十的直播間的平均 UV 價值大約是 3.84 元[8]，而潤米優選私域直播的實驗結果是 16.62 元。私域的用戶可能因爲信任更敢於消費。如圖 2-6 所示。

8　參見 https://news.pedaily.cn/202210/502080.shtml

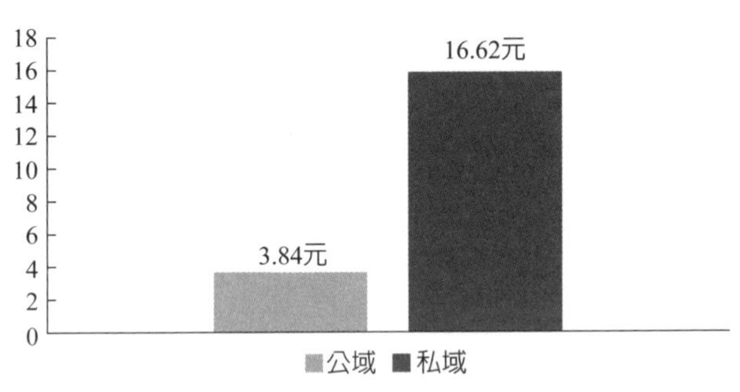

圖 2-6　公域與私域 UV 價值比較

公域直播很重要，但是我希望透過這組數據告訴大家，私域直播同樣重要。在公域，用錢購買流量；在私域，用心經營信任。未來，私域直播可能會成爲越來越多品牌的標配。

當然，我們的實驗數據量還很小，不能說明太多問題。但是，我們的實驗會繼續進行，持續的復盤報告也會每周發布在潤米優選的公眾號上。

所以，要想「治病」，要想增強業務彈性，我們必須把握住全域經營的確定性。

增強團隊彈性的關鍵是高效連接

先「救命」，再「治病」，然後就要「養生」了。對企業來說，「養生」就是增強團隊彈性，讓公司充滿彈性。

請問：如果你有一個 20 多人的創業團隊，你會選擇把辦公室設在哪裡？是中國的北京、上海、深圳、杭州、成都、大理、烏魯木齊，還是美國的威廉斯堡？

面對這麼多選擇，你一定會感到頭疼，但「日談公園」的 COO（首席運營官）樂樂給出了一個不一樣的答案：都設。這個非常年輕卻也非常知名的播客團隊一共有 20 多名員工，分布在 8 個城市。其中，10 人在北京、5 人在大理、2 人在上海、1 人在深圳、1 人在成都、1 人在烏魯木齊、1 人在杭州，還有 1 人在美國威廉斯堡。

日談公園是一檔非常熱門的脫口秀播客節目，曾經連續 5 年被評爲蘋果最佳播客電臺，單期最高播放量超過 1000 萬，總播放量超過 10 億。這離不開團隊的共同努力，不過，一個 20 多人的團隊爲什麼要分散在 8 個地方呢？

樂樂說，一開始，大家是因爲新冠疫情而居家辦公。後來，居家辦公久了，就都不想去辦公室了。有的同事把家搬到了大理，還有的實習生去美國邊讀書邊工作。後來，他們就乾脆放飛了，招人也不限城市了，深圳、上海、成都……哪裡都行，因爲有了企業社群，有了移動網路，在哪裡都能高效協同。

比如，日談公園策劃了一個全新的綜藝欄目，需要安排一個叫陳飛的員工去邀請嘉賓，但陳飛沒參加策劃會，怎麼辦？這時，負責人就可以在企業微信的「文檔」裡設置一個待辦事項，叫「邀請嘉賓」，然後「@ 陳飛」。你根本不需要問他是在大理還是在烏魯木齊，一旦被「@」，協同就開始了。

很快，綜藝節目錄好了，但音訊剪輯效果不太令人滿意，怎麼辦？樂樂會馬上拉著在成都的策劃人員、在上海的新媒體人員以及在深圳的文案人員召開影音會議。大家在哪裡不重要，只要有網路能參加影音會議就行。透過影音會議，所有人共享螢幕，現場商量怎麼剪輯。會議開完，影片也就剪輯完成了。

節目終於製作好了，如果計劃周一上午發布，那麼所有相關人員都要提前準備好。可是萬一有人忘了，怎麼辦？那就建一個「雲端日曆」。在節目發布前，它會用「彈窗」的方式來提醒所有人，不管是在中國還是在美國，相互之間有幾個小時的時差，都能實現協同。

日談公園的團隊就這樣一起工作了好幾年。如果不是因爲團建，很多人甚至在線下「素未謀面」。但這個「素未謀面」的團隊卻有著超強的戰鬥力。

這眞是一個年輕而優秀的團隊。沒有人永遠年輕，但永遠有人年輕。你不得不佩服年輕人的戰鬥力、年輕人的彈性。

所以，如何「養生」？如何增強團隊彈性？

企業微信的朋友對我說：增強團隊彈性的關鍵，是保持成員之間的高效連接。只要連接在，協同在，彈性就在，戰鬥力就在。

我祝願你，不管遇到什麼樣的意外，都能因爲有彈性而活下去，好起來，更健康。

回到新東方的話題。

從 2021 年 12 月 15 日 到 2022 年 6 月 16 日，在默默耕耘了半年之後，東方甄選直播間作爲新東方轉型的重要項目，終於隨著董宇輝的一條短影音而火爆全網。憑藉著超強的帶貨能力，東方甄選直播間迅速衝到了行業頂尖。而新東方即時的市值也因此暴漲了約 200 億元。

你不覺得很有意思嗎？

跌落時，俞敏洪發工資、退學費，花了 200 億元。反彈時，新東方即時的市值漲了約 200 億元。一跌一漲，一落一起，這就是「彈性」。

就像我在一篇文章裡說的：你能好，一定是因爲很多人希望你好。祝福觸底反彈的新東方，也祝福正在看這本書的你擁有像新東方那樣的彈性，用彈性化解意外。

PART 3
穿越周期

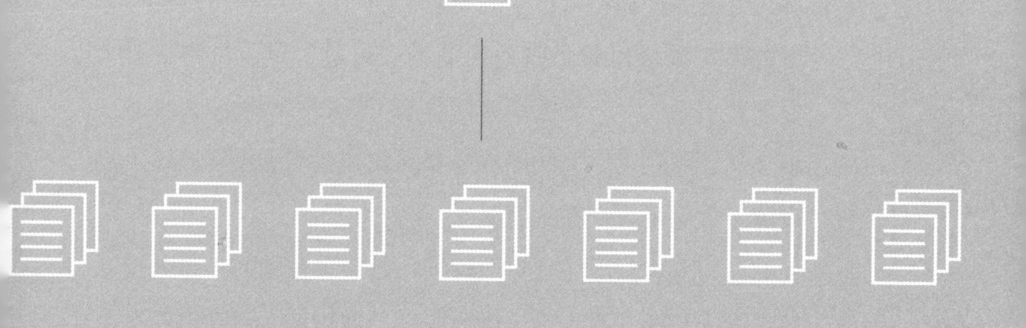

看淡「生死」，理解「周期」

意外靠彈性化解，那麼，周期靠什麼穿越呢？

前段時間，我和兒子在公園裡散步，我們一邊慢悠悠地溜達著，一邊聊天。這時，迎面走來一個鄰居，她牽著一隻很可愛的小狗，也在散步。我很禮貌地對她說：「你家的狗很可愛啊。」

她聽了很高興，然後對我說：「你家兒子也很可愛啊。」

我誇她家的狗可愛，她誇我家的兒子可愛，我覺得她在酸人，但是我沒有證據。但我想，她之所以這麼說，或許是因為那條狗在她心中就像自己的兒子一樣重要吧。

這是一件小事，卻給我留下了很深的印象。

後來，愛寵游的聯合創始人夏諝穎對我說：「潤總，現在有很多人是真的把寵物當孩子的。」

愛寵游，顧名思義，就是愛寵出去旅遊，是「世界這麼大，愛寵想去看看」。愛寵游這個服務平臺是專門為寵物出遊的市場竟然也蘊藏著巨大的商機？夏諝穎和我講了幾個故事，我才理解了這個平臺存在的意義。

愛寵游有個客戶養了三隻流浪狗，她很喜歡牠們，養著養著，感情越來越深。有一天，她產生了一個想法：帶牠們去旅遊，帶牠們到更遠的地方玩玩。但她一個人帶不了三隻狗，於是，第一次旅遊她只帶了其中一隻。這隻狗玩得非常開心，可是，牠越開心，她對另外兩隻狗就越愧疚。後來，她咬咬牙，分兩次把另外兩隻狗也帶出去旅遊了。

還有兩位客戶養了兩隻泰迪，它們又生了兩隻泰迪。年齡最大的那隻泰迪已經 14 歲了，可能過不了多久就沒能力再出去玩了。所以，他們就想把這「一家狗」帶出去旅遊，讓牠們享受天倫之樂。但是，兩個人照顧不了四隻狗，於是，他們又出錢幫兩位同事報了團，讓他們幫忙一起照顧。

還有一位客戶養了一隻德國牧羊犬，想參加愛寵游的海島遊項目。這隻德國牧羊犬已經年齡很大了，愛寵游不敢讓牠參團，但是這位客戶很堅持，他說就是因爲牠年齡很大，才想帶牠去看最後一次海，讓牠曬曬太陽，在沙灘上跑一跑，這樣的機會也許以後再也不會有了。果然，在海島遊結束後返程的路上，這隻德國牧羊犬安詳地走了。

聽完這三個故事，我的腦海裡只有一句話：最高級的主人，是以寵物的形象出現的。

我問夏譜穎：「做寵物旅遊賺錢嗎？」他說：「還行，反正比做人的旅遊賺錢。」

近幾年寵物行業很火，寵物旅遊、寵物健身、寵物減肥、寵物殯葬……各種和寵物有關的項目越來越受歡迎，爲什麼？

因爲寵物行業能穿越周期。

關於這一點，有幾張圖可以供我們參考。

第一張圖是 2002～2020 年美國 GDP 增速和美國寵物產業增速的對比圖，如圖 3-1 所示。

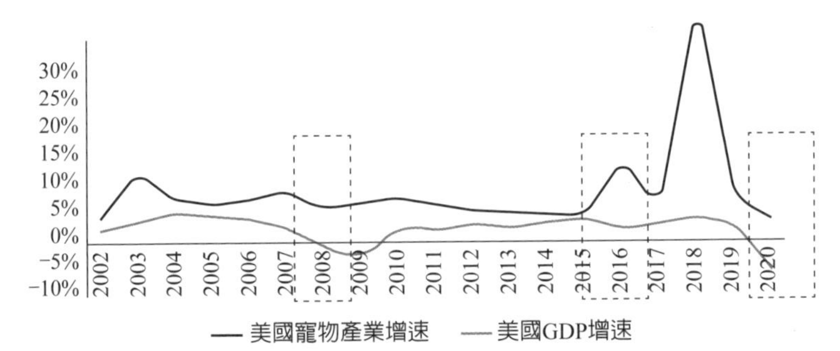

圖 3-1 2002～2020 年美國 GDP 增速和美國寵物產業增速對比

資料來源：美國寵物用品協會（APPA）、美國人口調查局（US Census Bureau）以及興隆證券經濟與金融研究院。

從圖 3-1 中我們可以看出，美國 GDP 增速在 2008 年和 2016 年分別有兩次比較明顯的下滑。但是，根據美國寵物用品協會（APPA）的數據，在這兩個時期，美國寵物經濟卻呈現逆勢增長的態勢。而在 2020 年，由於新冠疫情的影響，美國經濟遭受了沉重的打擊，GDP 增速爲 -3.4%，但是寵物經濟的增速依然在 5% 左右。

美國勞工統計局的數據也證實了寵物行業能穿越周期這一觀點。在美國經濟表現不佳的 2010 年，住房消費下降了 2%，食品消費下降了 3.8%，娛樂消費下降了 7%，而寵物消費卻增長了 6.2%。

中國外賣平臺的數據同樣爲這一觀點提供了佐證。

根據餓了麼發布的《2020 寵物外賣報告》，2020 年，寵物外賣這一新興消費市場呈現日益升溫趨勢，餓了麼平臺上的寵物外賣訂單增長了 135%，並且寵物外賣訂單客單價格高達 125 元，這一數據遠遠高於餐飲外賣的客單價格。美團也公布了外賣平臺購買寵物用品的相關數據：2020 年上半年，美團閃購寵物品類的商品銷售總金額同比增長了 3.5 倍。[9]

看起來，大環境越是不好，寵物經濟就越好。這是爲什麼呢？

對於這一現象，很多人都有自己的看法。有人說：「可能是因爲越是在周期的谷底，人們的壓力就越大；人們的壓力越大，寵物提供的陪伴價値就越重要。」還有人說：「可能是因爲養孩子的決策太沉重，而養寵物是養孩子的低成本平替。寵物萌化了的樣子太像孩子了。你獲得了純享版的快樂，卻不需要給寵物買學區房。」這些說法都有道理。

但我想，這背後一定有一個基於周期的規律。那麼，什麼是周期呢？

不出差的時候，我會和公司的同事們一起吃「辦公室午餐」。因爲平常很忙，和他們交流比較少，所以我很珍惜這一小段來之不易的時光。有一次，公司裡有幾位年輕的朋友問了我一個特別重要的問題：如何看待「生死」？

9　陶力。美團「無邊界」式擴張：進軍美妝和寵物業搶食電商巨頭？
https://kknews.cc/zh-tw/tech/25yr23e.html

我告訴他們，理解「生死」是人生的一門必修課。對大多數人而言，他們欣喜「生」的萌芽、開花和結果，卻害怕「死」的枯萎、凋零和敗落。他們期待煙花綻放時的璀璨，卻又不願面對煙花消逝後的淒清。所以，他們常常無法接受人的老去、企業的衰敗。這也是爲什麼人總想著要長生不老，企業總想著要基業長青。

這種對「生」的執念，還有另一個名字——「永恒」。正因爲如此，我們才會說「海枯石爛」、「山無陵，天地合，乃敢與君絕」、「鑽石恒久遠，一顆永流傳」。

但是，世界的另一番樣貌卻是「滄海桑田」、「鬥轉星移」、「三十年河東，三十年河西」。

世界不僅有「生」，還會有「死」，生生死死，生死不息。

「生死」在商業世界裡的另一個名字，就是「周期」。

周期其實沒有那麼複雜，就是周而復始。比如，春天，草長鶯飛；夏天，奼紫嫣紅；秋天，橙黃橘綠；冬天，林寒澗肅……這是季節更替的周期。同樣，晝夜輪迴是周期，陰晴圓缺也是周期。周而復始，是周期最大的特點。

在商業世界中，周期也無處不在，比如經濟周期。

經濟周期也是一種客觀規律。一個完整的經濟周期包括 4 個階段：繁榮期、衰退期、蕭條期、復甦期，如圖 3-2 所示。

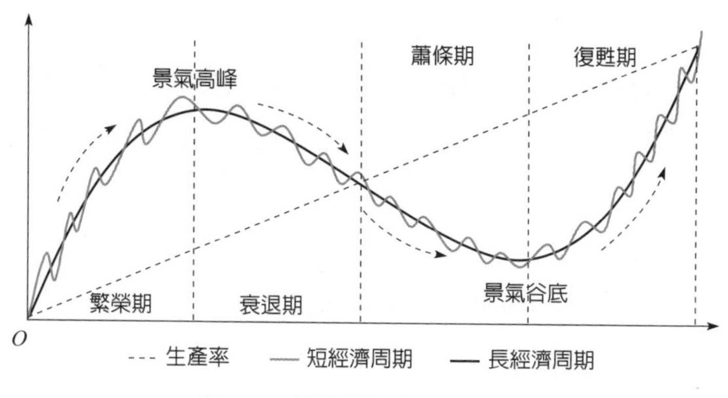

圖 3-2　經濟周期的 4 個階段

繁榮期，簡單來說就是大家對經濟很有信心，因爲很有信心，所以敢借貸、敢投資。大家都覺得以後能造出更多東西，覺得資產價格還能再漲，甚至覺得每年都能增長 20%，但是，這些信心可能是非理性的，借錢帶來的債務增長速度有可能超過了生產率的增長速度，也就是說，創造的財富可能不夠還清債務。所以，有一個詞叫作「非理性繁榮」。

繁榮期之後是衰退期，在這一階段，人們會慢慢發現，資產價格原來有泡沫，已經遠遠超出其眞實價值，信心也隨之變弱。很多人開始拋售資產，想辦法消滅債務，資產價格也隨之下跌。但是儘管如此，債務的增長速度還是比生產率的增長速度要快，人們沒有能力還清債務，於是，資產價格只能繼續下跌。

衰退期之後，經濟會進入蕭條期。在這一階段，大家越來越害怕，資產價格仍在不斷下跌，甚至跌破了眞實價值。這時，債務其實已經被消滅了很多，以人們創造財富的水準已經有能力將剩餘的債務還清，並且有能力繼續借貸，繼續發展。但是，在蕭條期，人們已經失去了信心，沒有人敢這麼做。

當經濟從繁榮的高峰跌入蕭條的谷底後，又會進入復甦期。在復甦期，人們的信心逐漸恢復，開始看到希望，又重新敢借錢，敢建廠，敢消費，敢投資了。於是，經濟重新開始增長，直到衝過一個平衡點，又來到繁榮期。

從繁榮到衰退，到蕭條，再到復甦，是一個完整的經濟周期，循環往復，生生不息。

明白「生死」，理解「周期」，意味著什麼？

我想，這意味著可以少一些恐懼，多一些豁達；少一些惶恐，多一些淡定。

時常有人和我說，喜歡的某款產品沒有了，欣賞的那家公司倒閉了，他感到非常難過，不知道怎麼面對。

說實話，其實這都是非常正常的事情。作爲一名商業顧問，來找我的企業大多是要「治病」甚至「救命」的，我早已見慣了生死。前些年，建社群、團購、雲端服務的公司很多，最後死了一大片，只剩下現在我們知道的幾家。就連谷歌這樣的大公司，也放棄過上百種產品。所以，生死眞的很正常。

有時，還有人和我說，當經濟遇到挑戰時，他特別害怕，不知道該怎麼應對。

我說，你眞的不知道怎麼應對嗎？你知道要關注現金流，要砍掉不賺錢的長尾業務，要收縮投資，要重視客戶……這些你都知道。你眞正不知道的或者害怕的，是你還不理解的「經濟周期」，你覺得它會毀天滅地。

如果你眞的理解周期，你就會知道周期一定會來，也一定會走。你不會因爲春天輕易歡呼雀躍，也不會因爲冬天過分黯然神傷。

眞的理解了「周期」，你就會看淡生死，只是默默經歷四季，穿越周期，不再害怕了。

所謂逆勢增長，皆是順應周期

商業世界還有很多周期，接下來，我們來一起重新理解三個非常重要的商業周期——庫存周期、投資周期和技術周期，並向那些正在穿越周期的「達爾文雀」們認眞學習穿越之道。

我們先從庫存周期開始。

我們在第 1 章講到的「豬周期」，它就是一個典型的庫存周期。

說它是庫存周期，是因爲當豬肉供大於求時，庫存就會增加，甚至導致滯銷；當豬肉供小於求時，庫存就會減少，甚至導致缺貨。供需的此消彼長導致了庫存的此起彼伏。這是庫存周期的典型特徵。

最早發現這種周期現象的是英國統計學家約瑟夫·基欽（Joseph Kitchin）。基欽在對 1890 ~ 1922 年間英國和美國的利率、物價、生產和就業數據進行研究分析後，認爲每隔 40 個月經濟發展就會出現一次有規律的上下波動，並於 1923 年發表論文《經濟因素的周期和趨勢》。因此，庫存周期也被稱爲「基欽周期」。

所以，有時候你的東西賣不出去，不是因爲銷售人員不努力，而是因爲遭遇了庫存周期的低谷。在這個低谷裡，供給大於需求。

不過，這種由統計學家「歸納」出來的規律並沒有被所有人認同。甚至有不少經濟學家並不認同庫存周期的存在，他們覺得這些變化是隨機的。

但是，經濟學家羅伯特·默頓·索洛（Robert Merton Solow）卻說：「到現在為止，我們還沒有完全搞明白長頸鹿是怎麼把血液輸送到那麼高的腦袋裡的，但你不能因為沒搞明白，就不承認長頸鹿有個長脖子。」

假設「庫存周期」確實存在，而此刻我們正遭遇這個周期的低谷，怎麼辦？

我們應該順應周期，幫人去庫存。

好食期的創始人雷勇就是這麼做的。

不知道你有沒有發現，如果你去超市買即食食品，很難買到快過期的。這是因為賣過期食品是違法的，會受到嚴重的處罰。於是，很多超市為了不踩紅線，會設置一個「允入期」，只允許剩餘保質期（shelf life）大於 2/3 的食品進超市。也就是說，保質期 12 個月的食品如果出廠超過 4 個月，超市就不收了。

但是，那些超過允入期的食品也要銷售啊，還有那些超市沒賣完的食品，該怎麼處理呢？它們通常會進入特賣通路。但如果透過特賣通路還是賣不完，又該怎麼辦呢？在這種情況下，這些食品就變成了損耗。

雷勇說，中國食品行業的損耗率能控制在 1% 就已經很好了。這個數值聽上去不高，但是，考慮到食品行業的平均利潤率本身並不高，而且食品行業通常銷售額巨大，所以，1% 的損耗已經很大了。

怎麼才能降低這個損耗呢？

雷勇在一家咖啡館得到了啓發。有一天晚上，這家咖啡館快要打烊的時候，雷勇看到一位工作人員把冰櫃裡的三明治拿出來，直接扔進了垃圾桶裡，覺得這實在是太浪費了，便和工作人員聊了幾句。那位工作人員解釋道，他們只賣當天的三明治，當天賣不完的就要扔掉，這是他們對客戶的承諾。

雷勇對她說：「對客戶信守承諾很好，但把好好的食物扔掉確實太可惜了。要不你便宜一點，我把它們買走。」

那位工作人員回答說：「你要買，可以，但只能按原價買，不能打折。」

雷勇很納悶：「這些三明治你都要扔掉了，爲什麼不能便宜一點賣？」

工作人員搖搖頭說：「系統裡只能按原價賣。你要不買的話，我就只能扔掉了。」

這件事一下子擊中了雷勇。他想：三明治的價值是隨著保質期的縮短而均速下降的。雖然它們在冰櫃裡可以儲存三天，但是它們的價格卻在第一天結束的時候瞬間從 100% 跌到了 0。這種由於價格和價值不對應而造成的浪費，恰恰就是商家的潛在利潤空間，如圖 3-3 所示。

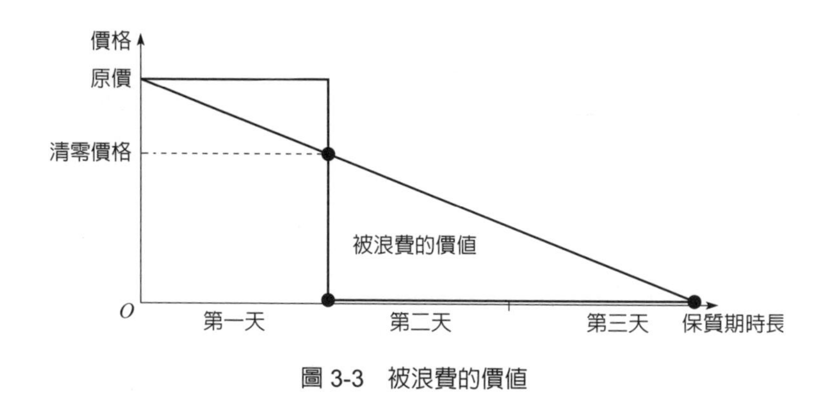

圖 3-3　被浪費的價值

這時，他突然有了一個想法：「如果我用『倒計時』的定價策略，不斷打折賣，那這些價值不就不會被浪費掉了嗎？」

雷勇是個說做就做的人，他迅速搭建了一套數字化系統，把每一件商品的保質期透明化。注意，不是每一個「批次」的商品，而是每一件商品，是每一「瓶」水、每一「盒」餅乾、每一「桶」泡麵等。如果系統裡一瓶水的生產日期是 9 月 7 日，而顧客拿到手卻發現實際生產日期是 9 月 8 日，那麼這瓶水就不會收費。

然後，他用倒計時的方式對這些商品進行定價。比如，如果這瓶水的保質期還剩餘 60%，售賣價格就打 6 折。過了一段時間，保質期只剩 50% 了，售價就自動調整為 5 折，以此類推，如圖 3-4 所示。

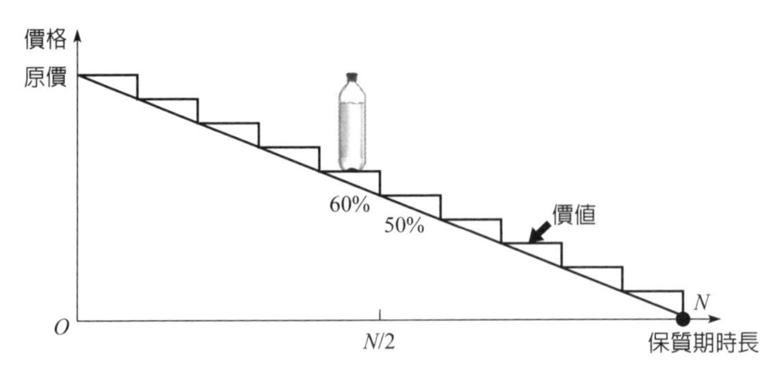

圖 3-4　好食期的定價策略

好食期[10]從來不賣剛生產出來的食品，因為這些食品可在很多通路進行銷售。它只賣保質期過了 1/3 的食品，就算是 1 折賣出，也比損耗有價值。但實際運行下來，大部分食品在打 6 折的時候就能賣得差不多，到了打 4 折時，基本全部賣光。

好食期賣的是「即期食品」，但雷勇認為，他們其實不是在賣即期食品，而是不讓食品「成為」即期食品。

中國即食裝食品業有 6 萬億元的規模，每年銷毀千億元的庫存。越是在庫存周期的低谷，銷毀的食品越多。幫助食品行業去庫存，是一個逆勢增長的好生意。

那麼，做即期食品生意「逆」周期了嗎？沒有。在夏天的時候賣冰棒，是順應周期；在冬天的時候賣棉襖，也是順應周

10　是一個日期越近越便宜的品牌特賣電商平臺。

期。其實，從來沒有什麼「逆」周期。所謂逆勢增長，皆是順應周期。

所有偉大的企業都是「冬天」的孩子

第二個你應該瞭解的周期叫「投資周期」。

我們來看 1976 ~ 2018 年全球 GDP 增速變化圖，如圖 3-5 所示。

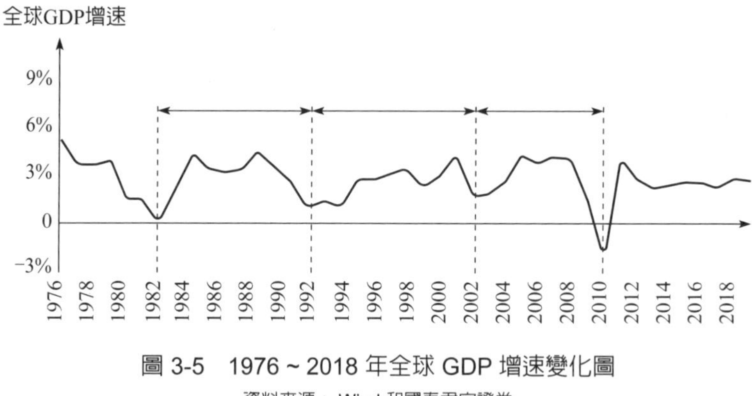

圖 3-5　1976 ~ 2018 年全球 GDP 增速變化圖

資料來源： Wind 和國泰君安證券

圖 3-5 描繪的是全球 GDP 這 40 多年來的增速變化，從中你可以看到，全球 GDP 的增速變化也存在明顯的周期。

爲什麼會出現這種現象？

法國經濟學家克里門特・朱格拉（Clèment Juglar）對這種現象做出了解釋。當經濟形勢非常好的時候，所有人都對未來充滿了信心。這時候，人們拚命購入資產，比如債券、股票、房地產等，每個人都覺得自己賺到了錢，而且大家都樂觀地相信，這些資產的價格只會越來越高。沒有人看到泡沫的存在。直到有一天，泡沫破裂，資產價格開始下跌。這就是著名的「明斯基時刻」[11]，如圖 3-6 所示。價格下跌導致恐慌性拋售，恐慌性拋售進一步導致價格下跌，於是，人們越來越悲觀，繼續拋售，價格也因此繼續下跌，如此惡性循環，最終導致經濟徹底崩盤。

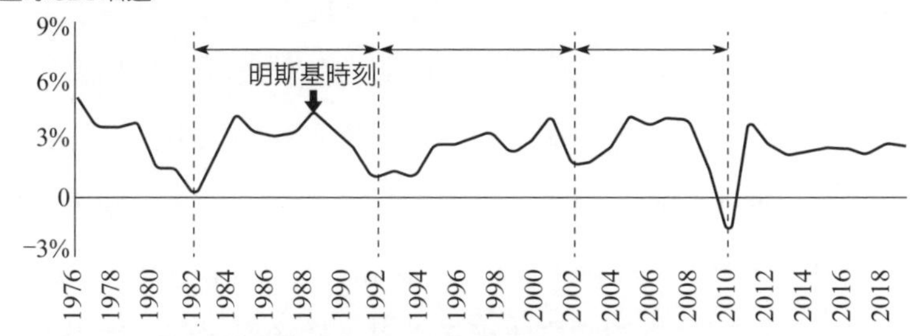

圖 3-6　明斯基時刻

資料來源：Wind 和國泰君安證券

這就是投資周期。投資周期是由情緒的樂悲交替導致的投資的漲跌輪迴。沒有泡沫，就沒有破滅；沒有繁榮，就沒

11　明斯基時刻（Minsky Moment）是指美國經濟學家海曼．明斯基（Hyman Minsky）所描述的時刻，即資產價格崩潰的時刻。經濟好的時候，投資者傾向於承擔更多風險，隨著經濟向好的時間不斷推移，投資者承受的風險越來越大，直到超過收支平衡點而崩潰。這種投機性資產的損失促使放貸人儘快收回借出去的款項，「就像引導到資產價格崩潰的時刻」。

有蕭條。

朱格拉說：「蕭條的唯一原因，就是繁榮。」著名經濟學家歐文·費雪（Irving Fisher）對這句話進行了補充，他說：「蕭條的唯一原因，是建立在債務之上的繁榮。」

投資周期，必然有起有落。那麼，當悲觀情緒主導市場，投資周期進入低谷時，我們該怎麼辦？

我們應該順應周期，幫人省錢。

魏穎是多抓魚的創始人。「多抓魚」來源於法語單詞「Déjà vu」，意思是「似曾相識」。魏穎把它作爲自己創業網站的名字，正是爲了引用這個詞義。和什麼「似曾相識」？和一本有緣的書。更確切地說，是一本有緣的二手書。

你可能不知道，很多新書書店是 5 折進貨、7 折銷售，賺的是其中 2 折的毛利。但是，日本有一家叫「BOOK · OFF」的二手書店用 1 折的價格收來二手書，然後對這些二手書進行翻新、消毒、重新包裝，最後以 5 折銷售，反而獲得了 4 折的毛利。

BOOK · OFF 的這個「順應周期，幫人省錢」的模式啓發了魏穎，她由此創立了多抓魚。沒想到，二手書在中國賣得很好，沒過多久，多抓魚就獲得了多輪投資。多抓魚的第一家線下店甚至開在了上海的安福路，這可是上海最小資的一條路，換言之，在這裡開店很貴，就連新書書店都不敢開在這裡。因爲「順應周期，幫人省錢」，多抓魚賺了很多錢。

但是，書畢竟價格低。在投資周期的低谷，比二手書生意更賺錢的可能是二手手機生意。

舉個例子，iPhone 11 Pro Max 的上市價是 10,899 元，九五成新的二手價是 5999 元。iPhone 12 的上市價是 6799 元，九五成新的二手價是 5649 元。iPhone 12 Pro Max 的上市價是 10, 099 元，九九成新的二手價是 7999 元。以這樣的價格買一台二手手機，你覺得值嗎？很多人覺得值。2022 年 3 月，著名主持人華少做了一場只賣二手手機的直播。這三款手機加在一起，4 個小時共賣了 1600 多台。整場直播售賣了 34 款手機，最後一共賣了 2.87 萬台，平均算下來，1 秒鐘大約賣 2 台。總銷售額更是令人震驚，高達 4285 多萬元！

這實在是太厲害了！可是，爲什麼會這樣呢？

市場調查機構 Canalys 發布的報告顯示，2022 年一季度，全球智慧型手機出貨量同比下降 11%，二季度下降 9%，三季度下降 9%。因爲經濟的不確定性，很多人減少消費支出，大家開始不太熱衷於買新手機了，於是，二手手機的銷量隨之不斷提升。

但是，手機還是價格不夠高。在投資周期的低谷，比二手手機生意更賺錢的可能是二手奢侈品生意。

每當經濟增速放緩的時候，大牌包包、名牌服裝、高級腕表、珠寶配飾等二手奢侈品交易就會變得非常活躍。因爲有很多人原來投資了一堆東西，擴大了很多生產線，現在需要收回成本，也需要還掉貸款，於是就會選擇賣掉手裡的一些資產，比如賣別墅、賣豪車，同時也會賣一些奢侈品，於是二手奢侈品的供給一下子就增加了。這是供給端的上升。

與此同時，雖然大環境變差，但購買奢侈品的心理需求依然存在，只是這時人們會覺得一手奢侈品的價格太高了，在這種情況下，成色稍差一些但價格低很多的二手奢侈品就顯得很有吸引力。這是需求端的上升。

需求端和供給端同時上升，於是，二手奢侈品市場就出現了爆發式增長。

根據艾瑞諮詢的統計，從 2017 年開始，我國二手奢侈品市場的增速就不斷上升，2020 年增速高達 51.8%，2021 年稍有滑落，但仍達到 41.2%。而根據國家統計局的數據，我國 GDP 增速在 2018 年是 6.6%，2019 年下降到 6.1%，2020 年因爲受新冠疫情的影響而下降到 2.2%，2021 年回升到 8.1%。如圖 3-7 所示。

從圖 3-7 中我們可以發現：二手奢侈品市場增速與中國 GDP 增速的走勢正好相反。

在投資周期的低谷，幫人省錢就是順應周期。二手圖書、二手手機、二手奢侈品都是因爲順應周期而獲得逆勢增長的。即便是在「冬天」，這也是行得通的。

人類歷史上有古埃及、古巴比倫、古印度、古中國四大古文明，你知道這些古文明有什麼共性嗎？很多人會說，它們都

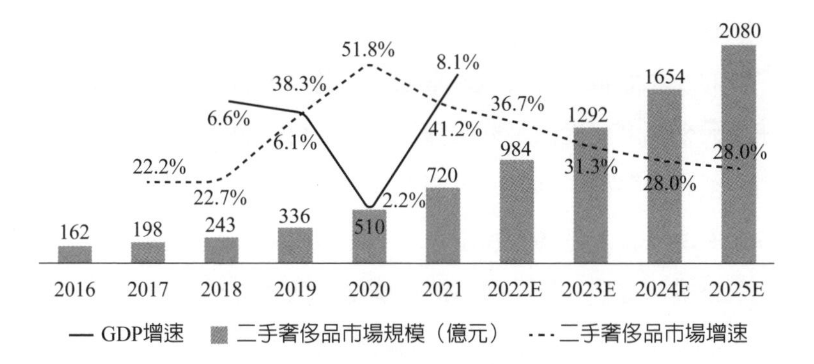

圖 3-7　二手奢侈品市場增速與 GDP 增速對比

資料來源：艾瑞諮詢，國家統計局

誕生於大河流域，古埃及文明誕生於尼羅河流域，古巴比倫文明誕生於兩河流域，古印度文明誕生於印度河流域，古中國文明誕生於黃河流域。這的確是它們的共同性，但除此之外，它們還有一個共同性：這些古文明都誕生在北緯 30° 附近。

爲什麼？是因爲那裡有水嗎？有水是一個重要原因，沒有水就不能耕種。但是，有水不是唯一的原因，因爲熱帶也有水，但熱帶卻沒孕育出這些偉大的古文明。

眞正的原因是這些地方四季分明，有冬天。

熱帶是沒有冬天的，而且熱帶的自然資源實在是太豐富了。早在 14 世紀，周達觀就在他的《眞臘風土記》裡記錄過熱帶生活：「不著衣裳，且米糧易求，婦女易得，居室易辦，器用易足。」換言之，這裡要什麼就有什麼。也正是因爲要什麼就有什麼，所以生活在熱帶的人們沒有太大的生存壓力。

而在北溫帶，冬天冰天雪地，什麼都沒有。如果人們不能在冬天來臨之前儲備足夠的糧食，就很可能會餓死。所以，人們必須研究各種勞動技術，努力提高生產效率，以應對嚴寒的冬天。所以說，是冬天逼出了文明。

企業其實也一樣，優秀的企業誕生於順境，而所有偉大的企業都是「冬天」的孩子。沒有經歷過「冬天」的生命，不是偉大的生命。

商場如戰場
不要讓你的存量變成
你進階的障礙

所有偉大的企業都是「冬天」的孩子

真正推動世界發展的是技術

第三個你應該瞭解的周期叫「技術周期」。

什麼是技術周期？

眞正推動世界發展的是技術。每一次革命性的技術變革，都會帶來爆發式的經濟增長。當這些技術被充分使用後，經濟增長就開始逐漸放緩，直到下一次革命性的技術變革出現。

在這些革命性的技術變革中，最知名的是三次工業革命。而每一次工業革命，都是「左腳」生產效率，「右腳」交易效率，永不停止。

第一次工業革命帶來了蒸汽時代。我們知道，第一次工業革命的標誌性事件是瓦特改良蒸汽機。蒸汽機使用的能源是煤炭，而蒸汽機的本質是駕馭煤炭這匹「烈馬」的馬鞍。正是因爲能夠駕馭煤炭這種遠超人力的能源，人類的生產效率才得以大大提高。

在人力時代，人們用手搖紡車把棉花紡成線，紡線的效率可想而知有多低。到了蒸汽時代，英國人發明了可以同時紡 8 卷線的珍妮紡紗機，再用蒸汽機驅動珍妮紡紗機，生產效率由此得到了大幅度提升。

「左腳」提升了生產效率之後，接下來就是「右腳」提升交易效率了。

蒸汽機推動了鐵路和印刷術的發展，鐵路提升了物理世界的連接效率，印刷術提升了資訊世界的連接效率。因爲鐵路和印刷術，遠方變近了，「右腳」往前邁了一大步。

然後，世界迎來了第二次工業革命，這次工業革命將人類社會帶入了電氣時代。在電氣時代，人們學會了駕馭一種更加「野蠻」的能源——石油。

這種在當時看來取之不盡、用之不竭的能源被一種叫「內燃機」的技術駕馭了，在各行各業像巨人一樣，做著人類在人力時代永遠做不到的事情。因爲石油，全球的生產效率全面提高。

「左腳」這一步，震撼天地。

然後，以石油爲燃料的內燃機把飛機送上了天，把汽車推向了四面八方。全球的交易效率，也因此得以閃電似的快速提升。

「右腳」這一步，瞬間十萬里。

接著，第三次工業革命開始了。這次革命帶來的是資訊時代，算力這種能源被開採出來。

1946 年，世界上第一台現代計算機 ENIAC 誕生。這台計算機重 30 多噸，占地 170 平方米，每秒運算 5000 次。從那之後，計算機的算力就遵循著摩爾定律（Moore's law）瘋狂增長。今天，我們手上任意一部 iPhone 的算力（HashRate）都是這個 30 噸龐然大物的幾十萬倍。

那麼，駕馭算力的是什麼呢？是軟體，如微軟的辦公系統、Oracle 的數據庫系統、金蝶的財務系統，等等。有了被軟體駕馭的算力的加持，工廠的生產速度更快了，超市的結帳速度更快了，銀行的算帳速度也更快了……所有行業的生產效率都在以無法想像的速度提高。

這只「左腳」像「神」一樣降臨。

那「右腳」呢？

「右腳」當然是網際網路，是移動網路，是萬物互聯。

1994 年，我讀大學時，要和一個在美國留學的同學通電話。當時的國際長途話費是十幾元每分鐘，而那個時候我每天的飯錢才不過 5 元。所以，我打電話時要數著秒，1 秒、2 秒……57 秒、58 秒……快到 1 分鐘的時候，就要趕緊跟對方說「對不起，對不起，不能聊了」，然後「啪」的一聲把電話掛了。因爲晚 1 秒鐘，就要多花 1 分鐘的錢，而這相當於我 3 天的飯錢。

現在呢？你和你在美國的朋友、客戶或者合作夥伴溝通，可以隨時隨地拿起手機，立即影音，完全免費。

「右腳」像另一個「神」一樣降臨。

就這樣，「左腳」提升生產效率，「右腳」提升交易效率，一步一步，一直向前，技術周期帶來的進步永不停止。

這三次工業革命的「左腳」分別是蒸汽機駕馭的煤炭、內燃機駕馭的石油、軟體駕馭的算力。那麼，會不會有下一次技術革命呢？如果有的話，下一次技術革命的「左腳」會是什麼呢？很有可能是「第五要素」── 人工智慧駕馭的數據。

堅持長期主義，所有的變化都會是利好的

很多人可能已經瞭解了商業世界的多種周期，可是還是會抱怨：

「我所在的行業越來越不景氣了。」

「紅利褪去，我發現我們在『裸泳』。」

「業內競爭激烈了，簡直是一片血海。」

…………

問題各式各樣，但基本可以歸結爲一個問題：當「寒冬」來臨時，該如何穿越周期？

2022 年，正值 OPPO 成立 18 周年，因爲這個契機，我和其管理層有過一次交流，其間聊到了環境變化和應對之法。OPPO 從一個傳統的 VCD/DVD 公司到邁進智慧型手機產業，再到轉型爲生態科技公司，這段發展歷程讓我看到了穿越周期的祕訣，那就是：在「昨天」選好賽道，在「今天」腳踏實地地打造個體差異化優勢，爲「明天」提前做好準備。

接下來，我們就從「昨天」、「今天」、「明天」這三個維度來討論如何才能穿越周期。

爲什麼說「昨天」就要選好賽道？回顧歷史發展的進程，你會發現，不管時代如何變遷，總有一些行業擁有紅利，總有一些賽道正在發展。

這其中蘊含著兩層意思。第一層意思是市場規模足夠大，這樣才允許你發展 4 ~ 5 年甚至更長的時間，否則，你很快就會碰到「天花板」。第二層意思是你必須擁有敏銳的眼光，能夠發現這些機會，並且堅定不移地選擇它、執拗地堅持下去。

但是，我們常常關注第二層，讚嘆某個人的眼光眞是「毒辣」，卻忽略了第一層。

你有沒有想過這樣一個問題：爲什麼有的品牌已經做成了家喻戶曉的豆漿機品牌卻又開始做電鍋了呢？這是因爲豆漿機的市場實在是太小了，增長一段時間之後很快就碰到了「天花板」，再怎麼增長，銷量都無法大幅提升了。甚至，有些品牌還沒來得及碰到「天花板」，就被市場和用戶拋棄了。

怎麼辦？擴充品類。但這也意味著原有的技術能力、產品線、人才也要跟著轉型，尙未充分積累的品牌資產很可能將隨之被稀釋。

OPPO 也曾面臨這樣的局面，但它的選擇不同。

對 OPPO 這個品牌有所瞭解的朋友可能知道，它起家於 VCD、DVD 流行的視聽電子時代，其產品藍光 DVD、MP3 都曾經創下過輝煌的市場成績。但隨著網際網路浪潮席捲而過，DVD 產品被支持 DVD 功能的電腦、MP3 被支持音樂播放的手機成規模地替代了。

站在賽道選擇的十字路口，OPPO 是快速擴充品類，還是徹底轉換賽道？

OPPO 的創始人兼 CEO 陳明永說：「要有一個好的品類可以承接整個品牌。」換句話說，OPPO 賽道選擇的第一個戰略控制點，是做品牌，而不是做品類。

做品牌是個長期工程，所以，要有一個周期足夠長的產業來承接這個目標，而手機之所以能成爲 OPPO 所選擇的主航道，不僅是因爲其周期足夠長，更是因爲它的市場空間足夠大。

當時，三星、諾基亞、摩托羅拉等國際巨頭占據了超過 70% 的手機市場份額，可與此同時，並沒有哪一款手機能夠完全滿足用戶對功能、設計、性能、品質等的所有需求。而在國內的國產功能手機市場上，各大廠商還普遍處於「代工」階段。有調查顯示，不少消費者渴望能用上本土品牌的手機，可是國產手機的平均返修率（故障率）竟然超過了20%。

機會與空間俱在，但群雄林立，競爭激烈。在這種情況下，經過上上下下反覆討論，OPPO 還是決定：出發，向新賽道進軍。

在 OPPO 看來，產業的發展周期夠長、空間夠大，企業才有時間去積累經驗、迭代成長。市場有足夠的盈利空間，才能支撐新進入的企業試錯創新，直至形成核心競爭力。

選好賽道，這就是「昨天」要做的事。

爲什麼說打造個體差異化優勢是「今天」要腳踏實地做的事？

老實說，在賽道發揮出的結構性優勢面前，個體的差異化優勢顯得實在是太渺小了。但當賽道優勢不再、競爭加劇的時候，你會發現，個體的差異化優勢會帶來超額收益。

比如外貿行業。這個行業的從業者都知道，跨境電商的紅利絕大部分人只「吃」了一兩年。隨著進場的人數越來越多，隨著全球消費者回歸到自己原來熟悉的品牌，紅利瞬間消失，競爭突然變得極其慘烈。

這個時候要想活下去，只能靠自己，靠自己的核心競爭力。

什麼是核心競爭力？相對性、不可複製性、優勢性這三個詞疊加在一起就叫核心競爭力。

很多能夠穿越過去不同時代周期的、最終生存發展下來的企業都具備這樣的能力。它們的競爭力也許是細微的創新，也許是更優秀的設計，也許是更好的品質，也許是更合理的商業模式。

但在「今天」這個節點，很多科技公司都走到了依靠底層技術創新來繼續發展的關鍵時期，最典型的是晶片技術。你可能已經發現了，現在有很多科技公司即便是花上數以億計的流片（tape-out）費用也要想盡辦法搞出晶片。這是因為，如果我們沒有晶片，就無法做出眞正具有差異化的產品。

OPPO 在影像上耕耘了十幾年，一直把影像作爲一個非常重要的差異點，但是，走著走著，它遇到瓶頸了：如果一直使用通用晶片，就很難給用戶帶來眞正具有差異化的體驗，所以，OPPO 必須自己研發晶片。

用了兩年多的時間，OPPO 完成了第一塊自主研發的晶片「馬里亞納 X」。這款晶片採用 6nm 製程技術和 DSA 架構，具備每秒 18 萬億次的 AI 算力，能完成過去的手機難以實現的暗光影音拍攝。

不管你在哪一個行業，不管你正在做什麼，都應該有自己的思考和洞察。

如果你已經錯失了賽道選擇，還不具備個體差異化優勢，那麼怎麼才能獲得超額收益，又如何穿越周期？與其爲不確定性而焦慮，不如去打磨更優質的產品，提供更專業的服務，爲企業打造眞正的差異化優勢。

所以，腳踏實地地打造個體差異化優勢是「今天」應該做的事。

那麼，爲什麼說要爲「明天」提前做好儲備？

這是因爲，過去的成功經驗很難套用在未來。

因此，你需要花一點時間想一想：三五年之後，這個世界可能會發生什麼樣的變化？這些變化對我們會產生什麼影響？

換句話說，如果你想在五年之後收穫一棵大樹，那麼，在今天你就要播下一顆種子。所以，OPPO 才會傾注人力、財力去研發潘塔納爾跨端系統。

很多人都說，未來的世界是萬物互融的時代。這個判斷其實並不難做。根據 QuestMobile 的統計，2022 年第一季度，我國 12 億網際網路用戶平均每天的聯網時間達到了 6.6 小時，人均持有的智慧設備超過了 5 台。

智慧設備不斷推陳出新，可是各自的生態不同，相互之間的系統也不兼容，硬體標準的差異也非常大，導致用戶不但沒能體驗到絲滑流暢的跨端體驗，反而在各種設備和 App 之間切換時失去了一致性和流暢感。

OPPO 希望潘塔納爾跨端系統能成爲這個「破壁人」。

爲了實現這個目標，截至 2022 年 8 月，OPPO 已經和具備國際一流研發水準的大學共建了 15 個和潘塔納爾相關的聯合實驗室，開展關鍵技術領域的創新研究。比如，在位置感知、系統性能評價等方面，OPPO 和清華大學、中國科學院大學、浙江大學等多所高校開展合作探索。在系統軟硬體的底層優化、多媒體、圖形顯示等方面，OPPO 也攜手了國內外很多一流高校，進行核心技術攻關。

我想起了傑夫．貝佐斯（Jeff Bezos）曾經說過的一段話：你做一件事，如果把目光放到未來 3 年，和你競爭的人會很多，但如果你能把目光放到未來 7 年，那麼可以和你競爭的人就很少了，因爲很少有公司願意做那麼長遠的打算。

從短期來看，搭建像潘塔納爾這樣的生態系統可能不會帶來什麼利潤，甚至還意味著巨大的風險，但長期主義者就是要踏平波動，穿越周期。

透過堅持長期主義來把握時代紅利，這就是我們該爲「明天」做的事。

時代之潮裹挾著你，滾滾向前。有時候，你會疲憊到邁不開腿。有時候，你會想「要不就算了吧」。有時候，你的眼前迷霧一片。有時候，你的面前是命運的十字路口。更麻煩的是，擺在我們面前供我們選擇的常常不是一條「正確的路」和一條「錯誤的路」，因爲這樣的選擇並不困難，我們都會選擇「正確的路」。

很多時候，擺在我們面前的是一條「正確的路」和一條「容易的路」。「容易的路」是那麼誘人，那麼舒適，那麼駕輕就熟。「正確的路」卻是一條既窄又長還曲折的路，你可能要花上大把的時間去走，甚至在很長一段時間裡看不到一點點光芒，但堅持長期主義，你終究會穿越周期。

不懂周期者，終將被結構力量裹挾吞沒

關於周期，還有一個話題我想談一談。

曾經，有一位同學向我請教，說他有個朋友前幾年生意做得非常出色，帶領團隊刻苦攻關，拿下一個又一個大單，公司在幾年時間內取得了可觀的利潤。但是，當迅速積累到財富之後，生意卻逐漸垮了。

這是一個常見的場景。有些人在人生中的某個階段突然賺到了巨額財富，往往會覺得自己無所不能，接連投資項目，但接連失敗。

得到後再失去遠比當初不曾擁有時要痛苦得多。曾經的意氣風發、不可一世都在失去的那一刻被打回原形，並且因此承受著巨大的痛苦折磨。

這背後的原因是什麼？

其實，人首先要看清楚自己，看清楚自己跟經濟周期之間的關係，要明白經濟周期大於產業周期，大於企業生命周期。當經濟上行時，什麼都好；一旦下行，「摔死」一片。

有些人做生意賺到了錢，很多時候是因爲他們融入了趨勢的大潮，站在了浪尖上，自己卻並不知曉。因此，即使眞的把事做成了，也要冷靜地掂量一下自己，你的高度可能才 175 厘米，但這波席捲而來的浪潮高度可能有 100 米。如果不是站在

了浪尖上，你是不可能獲得成功的。

你應該搞明白，哪些成績是憑你自己的能力得來的，哪些成績是靠機遇取得的。

人成功後容易狂喜，不容易想明白這些事；很多公司做到一定規模後也容易犯錯誤，很難清醒。還有很多人在沒有浪的地方非常努力地使蠻力，他們可能能力不差，但是做得卻很痛苦，因爲沒能在浪尖上衝浪。

所以，人一定要專注於做好自己所擅長的，當別人渴望資本躍進的神話、鎂光燈下的尖叫和關注時，當你的眼前湧現一個個充滿誘惑的機會時，你要堅守好自己的內心，始終圍繞著自己所具有的核心競爭力去設計產品或者服務。如同一個田間老農守護莊稼一樣，相信企業如同莊稼一樣，有其自然生長規律，然後厚積薄發，靜待天時。

千萬不要因爲自己賺到了錢就覺得自己很優秀，你還有很長的路要走。一旦沒有把握住自己的節奏，就容易被結構力量裹挾吞沒。

那麼，人爲什麼會爲一次成功的結果而狂喜，甚至覺得接下來的成功會紛至沓來呢？其實，往往是被拋硬幣的「小數法則」蒙蔽了雙眼。

「小數法則」是著名的行爲科學家阿摩司・特沃斯基（Amos Tversky）和經濟學家丹尼爾・康納曼（Daniel Kahneman）在其研究中對「賭徒謬誤」的總結。他們說，當某一種結果反復出現多次後，人們通常會傾向於認爲下一次將出現相反的結果，實際上這只是一種直覺偏差。

比如拋硬幣，每一次拋硬幣出現正面和反面的機率其實是完全一樣的，並不會因爲之前出現哪一面比較多接下來就會更可能出現另外一面。但就算人們明知拋硬幣的機率是兩面各50%，依然會在連續拋出 5 個正面之後更傾向於判斷下一次出現反面的機率較大。

實際上，就算你前面拋了幾十億次都是正面，下一次是正面的機率也還是50%。下一次的結果並不會受之前結果的影響。

然而，人們總是覺得局部應該可以代替整體，以致在一次次「拋硬幣」決策的過程中失去了理智的基本判斷能力。

一位投資者第一次投資大獲成功，接下來的投資眞的依然會成功嗎？

一次考試獲得了第一名，就意味著以後都能名列前茅嗎？

抓住一波紅利賺到了錢，就證明自己賺錢能力很優秀嗎？

回到最開始的問題，如果因爲一次偶然的成功迅速積累了一筆財富，你可以驚喜，但也請敬畏行業，穩住節奏，明白自己究竟擅長的是什麼。

歷史不止一次地向我們證明：弱小和無知，不是生存的障礙，傲慢才是。

南宋端平元年（西元 1234 年），鐵騎踏遍歐亞大陸的蒙古大軍做好了進攻南宋的一切準備。在他們看來，那些體格遠遠比他們健壯的歐洲人都被他們打得落花流水，偏居臨安、整天吟詩作對、體格瘦弱的南宋人自然也不是他們的對手，甚至迅速覆滅南宋亦非難事。

可出乎意料的是，宋蒙（元）戰爭從西元 1235 年全面爆發，至 1279 年崖山之戰宋室覆亡，延續了近半個世紀，是蒙古勢力崛起以來所遇到的耗時最長、耗力最大、最爲棘手的一場戰爭。這一仗不僅沒有快速結束，還打了近 50 年，搭上了一個大汗的性命。

在屠城的威脅下，這些柔弱的南宋人似乎並不害怕，從兩淮到襄陽再到四川，蒙古大軍無不遇到激烈的抵抗。而在合州釣魚城，他們則遭受到了最大的挫折。南宋開慶元年（西元 1259 年），蒙古幾十萬大軍圍攻南宋潼川府路合州釣魚城，卻始終無法攻克，戰亂中連蒙古大汗蒙哥也陣亡在城下。

其實，無往不勝的蒙古大軍錯就錯在，只看到先前取得的耀眼戰績，而沒有眞正正視這個看似柔弱的對手。

商場如戰場，不要讓你的存量變成你進階的障礙。

總之，一次抓住周期紅利的成功，並不意味著未來可以規避所有失敗的風險，也不意味著在之後的歲月裡會一直成功。

很多時候，成功是當前運氣和努力的結果，但也有的時候就是因爲資源好、運氣好，所以並不能基於之前的結果錯誤歸因。

如果你曾經踏浪而來，那麼在洶湧的潮水退去的時候，要明白：不懂周期者，終將被結構力量裹挾吞沒；局部不代表整體，結果也不一定能說明成功的原因；不要以爲優勢永遠不會被顚覆；專注做好自己所擅長的事，不要被利益蒙蔽雙眼；厚積薄發，靜待天時。

倘若因爲潮水褪去，你失去了紅利期所創造的一切，也沒關係，拍拍身上的泥土，認清自己。誰無暴風勁雨時，守得雲開見月明，一切無非從頭再來。

PART 4
第五要素

數據正成為推動經濟增長的新要素

關於數據，我想先講一個眞實的案例。

清潔隊人員的工作非常辛苦，城市的環境能如此整潔，是因爲有他們替我們負重前行。

清潔隊人員每天需要按時檢查公共場所的所有垃圾桶，發現垃圾桶裡的垃圾已經很多了，就馬上傾倒，如果沒什麼垃圾，就繼續檢查下一個。因此，他們的工作量很繁重，而且每天需要彎腰無數次，十分勞累。

怎麼才能減輕清潔隊人員的勞累程度呢？儘量減少檢查次數是一個方法。可是，這個度很難把握。檢查的次數少了，有些垃圾桶裡的垃圾就溢出了，不僅影響環境衛生，嚴重時甚至會引發火情。檢查的次數多了，有些垃圾桶還是空的，又會白白浪費時間。

這時，數據就發揮作用了。有的城市已經在一些核心區域給垃圾桶裝上了傳感器，對垃圾桶裡的垃圾情況進行實時監控。當垃圾桶需要傾倒的時候，就會自動通知清潔隊人員，不需要他們再跑來跑去巡邏檢查，清潔隊人員的工作效率因此大大提高，工作強度也大幅度降低。甚至，垃圾車還會根據分布式的傾倒需求自動設計最佳路線，極大地減少了清潔隊人員的工作時長，使他們不再那麼辛苦。

這就是數據的價值。但是，如果你覺得這就是數據的全部價值了，那你還是低估了「人工智慧駕馭的數據」。

爲了準備 2022 年的年度演講，我從 2022 年 10 月 1 日開始就「閉關」了。在長達一個月的時間裡，我不開會，不出差，不見客戶，就在家裡寫演講稿，連拍影音都沒有時間。這時，矽基智慧的創始人司馬華鵬對我說：「潤總，你給我幾段你以前拍過的影音，我讓我們的人工智慧學習一下，幫你生成一個數字人。以後你『閉關』在家裡、出差在路上，只要發一段語音給同事，就能驅動這個數字人生成影音，以後就讓矽基勞動力替你工作吧。」

矽基勞動力？！這眞是太令人震撼了。什麼是「矽基」？人體的主要元素是碳，晶片的主要元素是矽，所以人類被稱作碳基生命，而機器人／人工智慧則被稱作矽基生命。後來，司馬華鵬眞的用人工智慧爲我打造了一個「數字人」。

我的同事聽說這件事後，紛紛感嘆：元宇宙，是眞的要來了啊。

我不知道元宇宙是不是眞的要來了，但是，我在數據世界的分身是眞的已經來了，這個分身對我來說非常有價值。

不僅對我有價值，對主持人也很有價值。以後，主持人可以只負責寫稿，因爲矽基勞動力可以幫他主持，主持人再也不用在燈光下「燒烤」了，更不用擔心因爲緊張而念錯稿子。

對客服也很有價值。以後，客服可以只處理意外情況，因爲那些普通的詢問可以由矽基勞動力來回覆。客服再也不用同一句話每天重複 100 遍了，更不用擔心被煩到一整天都心情不好。

對健身教練也很有價值。以後，健身教練可以只負責制訂個性化方案，因爲矽基勞動力可以幫他指導學員的動作。健身教練不需要跑大老遠和學員見面，透過線上的方式就能發揮自己的價值。

對演講者也很有價值。以後，演講者可以只負責寫演講稿，因爲矽基勞動力可以幫他在臺上講。或許有一天，你們所看到的在臺上演講的我，其實是矽基勞動力。

從理論上來說，人工智慧駕馭的數據可以爲社會「生育」出無窮無盡的、不眠不休的矽基勞動力。

司馬華鵬說，他的夢想是要爲人類造出一億個「矽基勞動力」，讓人回歸人的價值。

如今，數據正成爲推動經濟增長的一個新要素。

爲了理解這一點，我們需要先思考幾個問題：社會的總財富、經濟的總增長到底從何而來？來自消費、投資還是進出口？消費、投資、進出口是拉動 GDP 的「三駕馬車」，這「三駕馬車」爲什麼能拉動 GDP 的增長？它們的拉動力是從哪裡來的？這三匹「馬」靠吃什麼爲生？

法國經濟學家讓・巴蒂斯特・薩伊（Jean-Baptiste Say）提出了生產力三要素理論，他認爲，資本、土地和勞動是生產中三種必要的要素，它們共同創造了產品，因而也就共同創造了價值。拉動經濟的「馬」，正是因爲吃這些「草」，才能長大，才有力量，才跑得快。

勞動這種生產要素是非常重要的。一個人用自己一天的勞動生產了 10 個饅頭，但自己只吃了 5 個饅頭，多出來的 5 個就是增長。那麼，兩個人勞動一天，饅頭數量會增長 10 個。三個人勞動一天，饅頭數量會增長 15 個。勞動的人數越多，增長越多。

土地這種生產要素也是非常重要的。一塊土地能產 500 千克大米，分給所有勞動者 250 千克，還多 250 千克。多的這 250 千克就是增長。那麼，兩塊土地產出的大米就多出來 500 千克，三塊土地就多出來 750 千克。開墾的土地越多，增長就越多。其他自然資源也是如此。

資本這種生產要素仍然很重要。一個人投入 1 萬元資本用來付地租、購買設備和原材料，生產產品，將產品銷售出去，給工人發工資，最終賺了 2000 元，賺的這 2000 元就是增長。依此類推（不考慮規模經濟效應），投入 2 萬元能賺 4000 元，投入 3 萬元能賺 6000 元。投入的資本越多，增長就越多。

勞動獲得的是工資，土地獲得的是地租，資本獲得的是利潤。這種用三大生產要素來分析經濟增長的方法就是「古典增長理論」。

但是，經濟增長只來自這三種要素嗎？「馬」只吃這三種「草」嗎？這三種「草」可以一直吃下去嗎？

後來的經濟學家繼續對這一課題進行了研究，他們逐漸發現，還存在看不見、摸不著的第四生產要素——技術。

騰訊研究院繪製了一幅圖，描述了世界經濟增長千年史，如圖 4-1 所示。

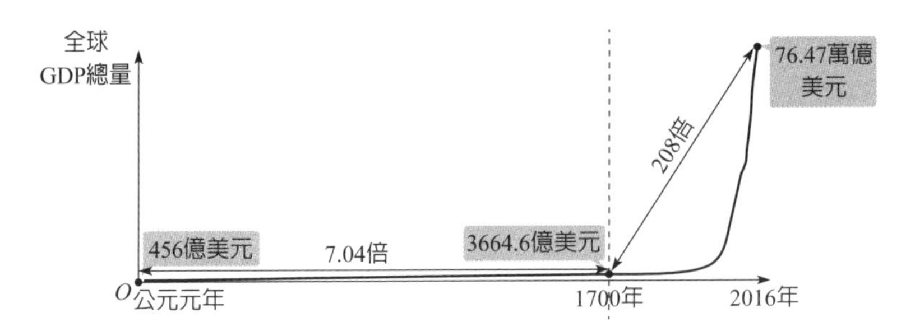

圖 4-1　世界經濟增長千年史

資料來源：騰訊研究院

從圖 4-1 上我們可以看到，西元元年，全球 GDP 總量是 456 億美元。1700 年，全球 GDP 總量增長到了 3664.6 億美元。在大家認爲「勞動是財富之父，土地是財富之母」的這 1700 年裡，全球 GDP 總量增長了 7 倍左右。然後，第一次工業革命發生了。在這之後的 300 年裡，全球經濟迎來了爆發式增長。到 2016 年，全球 GDP 總量達到了 76.47 萬億美元，比第一次工業革命之前，增長了 208 倍左右。

全球 GDP 總量在前 1700 年裡增長了 7.04 倍，在後 300 多年裡增長了 208 倍。後 300 多年比前 1700 年到底多了什麼？多了蒸汽機、內燃機、家用電腦，多了火車、汽車、網際網路，多了突飛猛進的技術。

「技術」就是第四生產要素，這種生產要素以一種看不見、摸不著、叫作「知識」的方式存在著，使人類社會獲得飛躍式發展。這也是爲什麼我們說「知識就是財富」、「科技就是第一生產力」。

那麼，第五要素是什麼呢？

第五要素就是「數據」。

2020 年 3 月，中國中央、國務院發布《關於構建更加完善的要素市場化配置體制機制的意見》，提出土地、勞動力、資本、技術、數據五個要素領域的改革方向和具體舉措，並強調要透過制定出新一批數據共享責任清單、探索建立統一的數據標準規範、支持構建多領域數據開發利用場景，全面提升數據要素價值。這是數據第一次正式被當作一種新的生產要素提出。

你也許會感到有些不可思議：數據有這麼重要嗎？能和土地、勞動力、資本、技術並列？如果數據這麼重要，爲什麼過去那麼多經濟學家沒有把數據當作生產要素呢？

這是因爲自從有了計算機和網際網路後，數據才大量產生，以前的經濟學家從來都沒有見過這麼多數據。

現在，人類每天都要產生 5 億條推文、2940 億封電子郵件、650 億條 WhatsApp 消息、400 萬 GB 的 Facebook 數據。知名市調公司 IDC 指出，全球數據圈正在經歷急劇擴張，到 2025 年，每年產生的數據總量預計將增加至 175ZB。

175ZB 有多少？如果你有足夠大的記憶體把這些數據下載下來，以 25MB/s 的網速來算，你需要約 2.1 億年才能全部下載完成。

數據奔湧而出，與此同時，另一個生產要素「勞動力」卻在快速減少。

2022 年 11 月 15 日，全球人口達到 80 億。這一數字在今後幾十年將繼續增長，但增速會有所放緩，且存在地區差異。而如圖 4-2 所示，中國最早會在 2023 年迎來人口負增長，同時，印度會在 2023 年一舉超過中國，成爲地球上第一人口大國。

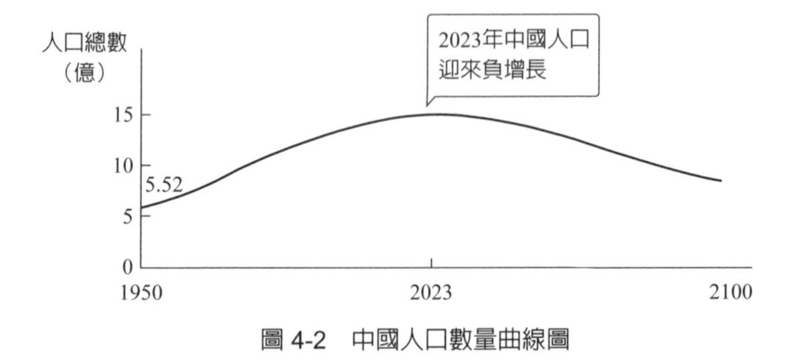

圖 4-2　中國人口數量曲線圖

數量上的超越不算什麼，更嚴重的是人口結構的變化。我們來看中國和印度的人口結構對比，如圖 4-3 所示。1998 年，中國有大量年輕的勞動力，而且平均年齡不到 30 歲。印度的人口分布則比較平均。而到了 2050 年，中國人口老齡化加劇，平均年齡接近 50 歲。此時，印度年輕人數量非常巨大，而且平均只有 30 多歲。

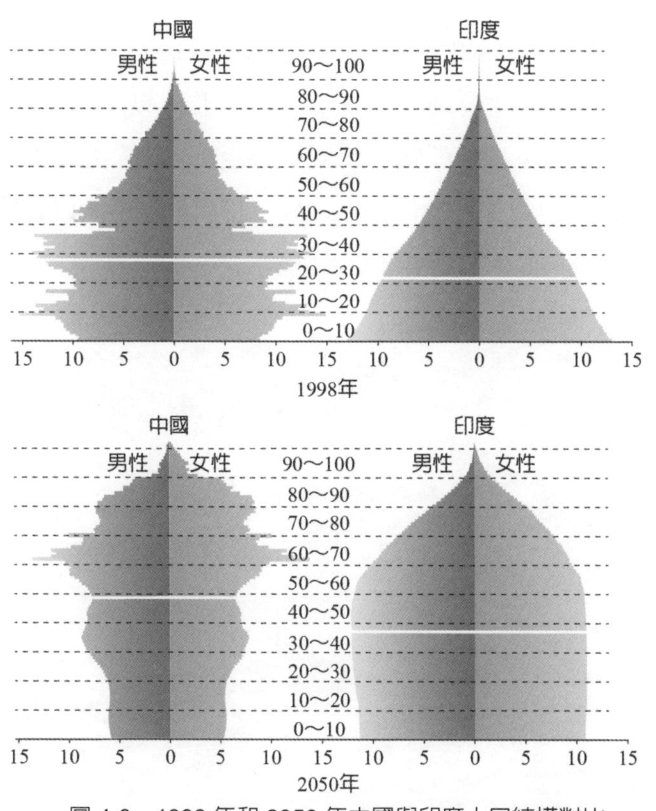

圖 4-3 1998 年和 2050 年中國與印度人口結構對比

透過對比我們可以看出，中國勞動力的絕對數量在減少，相對優勢在喪失。

很多人可能會困惑：「你們總是說中國勞動力在減少，可是我周圍還是有很多人找不到工作啊。」

是的。在 100 個擁有勞動能力的人中，可能總會有 10 個人找不到自己喜歡的工作，這是結構性問題。而勞動力減少是指擁有勞動能力的總人數從 100 人減少到 90 人、80 人甚至更少。這是總體性問題。換言之，過去，在 100 個人中如果有 10 個人找不到工作，那麼還有 90 個人工作；以後，就算所有人都工作，最多也只有 90 人、80 人甚至更少的人工作了。

勞動力與數據此消彼長。以後，我們再也不能只靠勤奮了，而是要向數據這個第五要素要增長。

商業的本質是交易，交易的發生靠連接

如何向數據要增長？三個步驟：連接、挖掘、使用。

商業的本質是交易，而交易的發生靠連接。向數據要增長最基本的前提，就是越來越高效的連接。

在古代，中國最繁華的城市是洛陽和長安（也就是今天的西安）。這兩座城市之所以繁華，是因爲古代的貿易大多是陸路貿易，而它們都是陸地連接的交匯點。

後來，中國最繁華的城市變成了天津、上海、寧波和深圳。爲什麼？因爲後來的貿易是全球貿易，而這些沿海港口城市是海洋連接的交匯點。

今天，中國最繁華的城市是哪裡？是「阿里巴巴市」，是「騰訊市」，是「字節跳動市」。因爲今天的貿易發生在網路上，而阿里巴巴、騰訊、字節跳動這些網際網路公司是網路連接的交匯點。

所以，不要在乎什麼線上線下，連接在哪裡交匯，就去哪裡交易，因爲那裡有用戶，有數據，甚至有很多你以前根本不敢想像的可能。

有一天，我突發奇想：中國叫「劉潤」的肯定遠不止我一個，認識其他的「劉潤」應該是一件很有趣的事。於是，我發了一條朋友圈，求大家給我介紹「劉潤」。很快，我就建了一

個群，叫作「一群劉潤」。

現在這個群裡有 10 個「劉潤」。有一位來自杭州，從事文化產業；有一位來自長沙，是網路廣告人；有一位來自上海，是科技公司的創始人；還有一位來自成都，是一位鄉村美妝博主……我們約好，一定要找機會一起吃個飯。

以前人們在異鄉遇到老鄉會兩眼淚汪汪，因爲缺乏連接。而現在，瞬間認識 10 個「劉潤」，易如反掌。這就是連接的力量。

從連接裡挖掘數據，從數據裡挖掘交易

建立連接之後，就是進行第二個步驟——挖掘。

中國房地產行業從黃金時代到白銀時代，然後跳過了青銅時代，直接進入了黑鐵時代。以前，只要在房地產廣告裡寫上這些關鍵詞——「豪宅」、「典範」、「巨獻」、「私邸」、「極致」，房子就能神奇地賣出去。但現在，就算是在上面寫上「按照白金漢宮 1：1 打造」，房子也沒那麼容易賣出去了。怎麼辦？

若缺科技的創始人胡煒給出了一個答案：「從連接裡挖掘數據，從數據裡挖掘交易。」

若缺科技是一家從事房地產行業的公司，但在這個房地產行業的寒冬裡，胡煒說若缺科技沒受太大的影響，活得還可以。這是因爲胡煒早就認識到了，要做好房地產行銷，就要和客戶建立更短的連接，實現更多的觸及，用更高價值的吸引，實現更多觸點的轉化。

從 2018 年開始，胡煒就感覺到了這個機會，若缺科技因此開始做基於線上的新媒體行銷，用公眾號、影音號、直播、小程序等建立新媒體矩陣，提供有價值的內容，吸引目標客戶，再透過這些觸點去轉化客戶。

若缺科技剛開始做公眾號的時候，胡煒一直在琢磨發什麼

內容。一般的公眾號為了吸引更多人會發娛樂八卦，這樣會在短時間內帶來很大的流量，但連接的不是精準客戶。胡煒不打算這麼做，因為他知道，連接的不是他想要的客戶。他想，那些想要買房的客戶一定是關注房地產領域的，所以，若缺科技應該用知識型的內容吸引眞正對買房感興趣的人。於是，若缺科技的公眾號開始發「知識」，比如新的住房政策推出代表著什麼，新的房貸利率會給購房者帶來什麼影響，建案周圍的學區情況怎麼樣，等等。願意讀這些文章的人通常都有潛在的買房需求，而若缺科技做的就是提供他們需要的價值，回答他們關心的問題，吸引他們。

除了做公眾號，若缺科技也會拍一些短影音，因為有些知識用短影音講解更清晰明瞭，更容易拉近與潛在客戶的距離。若缺科技的一些短影音會模仿經典電影的橋段，比如《這個殺手不太冷》、《新喜劇之王》等，他們把自己想傳達給客戶的資訊融入短影音，讓客戶在哈哈大笑之餘得到了他們想要的資訊。

這些都是苦活累活，但是也因此和眞正的潛在客戶有了「連接」。

然後，若缺科技開始嘗試「直播賣房」。在直播間裡賣幾十元錢的薯條、優酪乳、土雞蛋不難，但賣幾十萬元甚至幾百萬元的房子就難了。但還好，若缺科技已經「連接」了潛在客戶，下面就是要「挖掘」出精準客戶了。

以後，我們再也不能只靠勤奮了

而是要向數據這個推動經濟

增長的第五要素要增長

向數據要增長的三個步驟：

連接、挖掘、使用

商業的本質是交易
交易的發生靠連接

2022 年初，若缺科技為金華的「山嘴頭未來社區」做了一場直播，他們把自己線上線下的客戶都導流到了直播間，並在直播間推出 2000 元的購房代金券（優惠券，Coupon），而客戶只需花 9.9 元就可以買到。他們想用這個券把眞想買房的客戶「挖掘」出來。

怎麼挖掘？那些之前看過房子的客戶在直播間裡透過購房代金券踢出「臨門一腳」，表明購買意向，而那些沒有看過房子的也能透過直播「種草」，對這個樓盤留下一個好印象。

一場直播下來，若缺科技賣出了 200 多張購房代金券，最後成交了 12 套房子。

現在賣房子，靠用大量勞動力發傳單的方式去吸引客戶已經行不通了，聰明的做法是像胡煒這樣連接精準客戶，然後從連接中挖掘數據，從數據中挖掘精準的交易機會。

在過去的十幾年裡，中國零售行業經歷了它這個「年紀」本不該承受的一切。剛發展沒多久，就遭遇了網路電商——阿里巴巴、京東，到底是敵是友？待費盡心思終於搞清楚是一場誤會時，「新零售」又來了。剛理解了「新零售」，「中國第五大發明」——直播賣貨又來了。這個世界變得難以理解，到處都是新名詞。怎麼辦？

小鵝通的 COO 樊曉星說：「最重要的永遠都不是這些新名詞，而是用戶，是如何和用戶保持『關係』。」

樊曉星問我：「潤總，你買襪子的時候關心品牌嗎？是不是黑色的、棉質的、摸上去舒服的就行？」是的，很多人買襪子都是去超市、去電商、去直播間，買了就走，不關心品牌。在這種情況下，品牌和用戶是沒有「關係」的，只要「關係」不在，觸點就會一直變，商家就不得不疲於奔命。

怎麼解決這個難題？建立會員關係。

有家機構叫「法律名家講堂」，它在線下做圖書、做出版的時候就有很多用戶，但是這些用戶散落在高校、律師協會、律師事務所，很難聯繫到。於是，它開始在小鵝通上用錄播客、社群和直播來連接這些用戶，並在與他們的互動中挖掘出他們的喜好數據，再根據這些喜好數據推出有針對性的「年度會員」服務。

會員制的本質是一種雙贏的契約關係：我承諾在你這裡更多地消費，你也承諾給我更多的利益。用戶成爲會員後，來看專欄、看直播、看回放的頻率高了很多，便和機構建立了更緊密的「關係」。

這就是「挖掘」帶給我們的價值。

從數據中看見趨勢，達人所未見

完成連接、挖掘之後，是進行第三個步驟——使用。

前段時間，我去了一趟北京，到一家叫作「拓疆者」的公司學手藝。我坐在他們位於北京國貿 CBD 28 樓的辦公室裡，學習如何操控一臺眞實的、遠在北京郊區的挖土機。

我覺得這很好玩，而且很簡單。當我從操控臺上走下來的那一刻，心裡就只有 9 個大字：開挖土機就那麼回事！

拓疆者的創始人隋少龍對我說：「潤總，你可千萬不要小看開挖土機，開挖土機其實非常難，要做到在高低起伏的礦山中行進的時候不側翻，在挖掘和甩臂的時候不誤傷旁邊的人，在傾瀉的時候正好倒在卡車貨箱中間而不是漏在地上……這些都是很難的事。而且，挖土機怪手的工作環境非常惡劣，煤堆粉塵、井下坍塌、工廠高溫，怎麼保護自己的安全？中國有 350 萬名挖土機怪手，你平常看不到他們，但是他們的工作特別不容易。」

正因爲如此，隋少龍開始思考：能不能讓挖掘機深入危險的礦山、井下、工廠，但是把挖土機怪手留在安全的地方，對挖土機進行遠程操控呢？這個想法讓他很興奮。但是，要實現這一點需要數據。

於是，隋少龍帶著拓疆者團隊開始嘗試在挖土機上安裝各種感測器，如圖 4-4 所示。

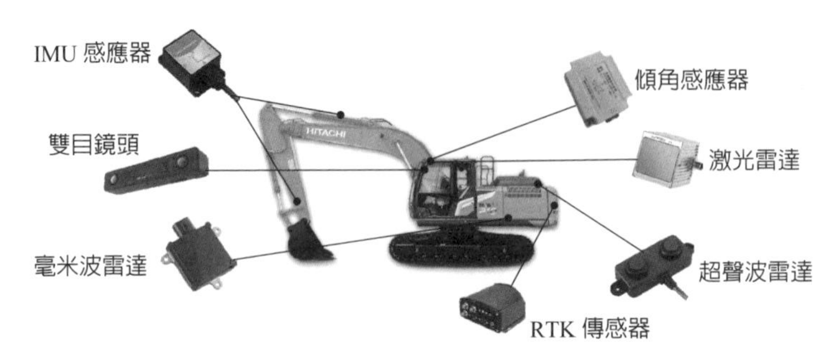

圖 4-4　拓疆者在挖土機上安裝的感測器

他們用 IMU 感應器獲取挖土機大臂小臂的轉動角度數據，以判斷挖掘動作是否到位；用超聲波雷達、毫米波雷達、激光雷達等感應器獲取挖掘現場的三維環境數據，以避免誤碰周邊障礙物；用 RTK 感應器和傾角感應器獲取挖土機自身的傾斜狀態和轉動狀態數據，以判斷側翻風險；用雙目鏡頭補足挖土機怪手司機的視覺盲區，確保機器和周邊安全。

有了這些數據後，我才能坐在國貿 CBD 的辦公室裡遠程操控一台眞正的挖土機。

那麼，遠程操控挖土機到底有什麼用呢？用處大了。

舉幾個例子。

在遼寧省營口港停著一艘外貿貨輪，它的船艙裡裝著 5 萬噸進口煤粉。爲了卸載這些煤粉，怪手和挖土機被吊入船艙，然後將煤粉一點一點地挖出來。這對怪手司機來說是很危險的，因爲煤粉一旦坍方，他們就會有生命危險。而遠程操控挖土機就解決了這個難題，怪手司機不用上船就能挖完一船煤。

中國每年產生大量的工業廢料。按照環保要求，工業廢料的貯存區域必須封閉作業，灑水控塵，以防止污染。怪手司機要在這樣味道重、濕度高的封閉環境裡工作實在是太不容易了，因此，他們最多連續工作 3 小時就要換崗。而遠程操控挖土機讓他們能夠坐在有空調的辦公室裡，一邊喝茶一邊處理工業廢料。

這兩個場景還不算是最危險的，有些怪手司機還需要去排彈現場挖啞彈（沒有爆炸的炸彈）。第二次世界大戰過去 70 多年了，但依然有些啞彈被深埋在地下。工兵探測到這些啞彈後，需要用挖土機把它們挖出來，再引爆銷毀。這個過程的危險程度可想而知。而遠程操控挖土機可以使怪手司機在安全的地方遙控挖掘啞彈，避免意外爆炸帶來人員傷亡。

這就是數據的價值。

現在，中國的技術正走向世界，如日本已有公司安裝了拓疆者的遠程挖土機系統。也許未來，日本工地上的不少挖土機都是中國人遠程駕駛的。中國的碳基勞動力足不出戶就可以遍跡全球。

所有人正在以同樣的速度——每小時 60 分鐘進入未來，但是，能者達人所不達，智者達人所未見。祝你能從數據中看見趨勢的機會，獲得自己的增長。

PART 5
消費進化

真正的極致體驗，永遠都有市場

請問：你願意爲一個神力女超人公仔付多少錢？500 元？100 元？50 元？如果我告訴你，有人願意花 23,000 元，你是不是感覺非常不可思議？但這是眞實發生的事情。

這個讓人願意花「天價」購買的神力女超人公仔是由一家叫作「開天」的工作室用 3D 列印技術製作的，如圖 5-1 所示。

圖 5-1　開天工作室製作的神力女超人公仔

這款神力女超人公仔身上的盔甲、頭套、護腕是用每克 52 元的紅蠟透過 3D 技術列印出來的，然後用樹脂材料翻模製作，再純手工塗色。護腕的金屬銀色增加了做舊痕跡，頭飾的金色、盔甲的紫紅色增加了戰損[12]。爲了達到極致的逼眞度，神力女超人公仔的身體在翻模時並未採用常用的樹脂材料，而是改用修復人體皮膚的醫用鉑金矽膠。公仔手上的眞言套索（Lasso of Truth）是一根眞實的道具級的纖維繩，背帶是用皮革手工縫制的，眼睛是根據蓋兒·加朵的瞳孔顏色訂製的醫用義眼，而頭髮是 10 萬根對人髮有極高還原度的高溫絲，並且是一根一根地手工植入的。

這做工眞的是令人嘆爲觀止。

開天工作室的創始人大魚告訴我，這款神力女超人公仔在全球預售時限量 580 個，結果在 2 小時內就全部售罄，收入過千萬元。

這銷售速度更加令人嘆爲觀止。

人們不是不願意花錢了，只是不願意爲不值得的東西花錢了。眞正的極致體驗、眞正的極致價値，永遠都有市場，即使它很貴。

我們用一個模型來解釋這件事，這個模型我稱之爲「本價値模型」。

舉個例子，你研發了一架無人機，成本是 1 萬元。當你開始賣它的時候，你首先要對它進行定價，你打算賣 1.5 萬元、2 萬元還是 3 萬元？賣多少錢就是「價」，但是按這個「價」

12 戰損，網絡流行語，是指戰鬥損傷，即某個角色在鬥爭中出現的身體上的損傷。

能否賣得出去，就要看你的無人機能解決多「貴」的問題。

假如你的無人機能幫人買菜，有人或許願意花 100 元來購買它。因爲這雖然是一個非常實用的功能，但是這個功能不太「貴」。如果能幫購買者節省 100 元的時間成本，這 100 元就是「值」。假如你的無人機能幫人送婚戒，有人或許願意花 2 萬元來購買它，因爲他覺得這個功能很有意思。但如果這時你的定價是 3 萬元，他或許就不會買了，因爲誰也不願意花 3 萬元來買一個在他看來只值 2 萬元的東西。假如你的無人機可以噴灑農藥，幫農民節省大量的人工呢？這時，或許有人就願意花 6 萬元來買它了。

那麼，如果你的無人機能航拍呢？

過去，電影的航拍鏡頭是用直升機拍攝的，一天的成本大約是 10 多萬元。電影《敢死隊 3》用了 38 天拍航拍鏡頭，這就意味著拍攝團隊花了大約 380 萬元。所以，這個問題更「貴」。在這種情況下，好萊塢會不會買你的這個售價 3 萬元的無人機呢？當然會，別說 3 萬元了，10 萬元都會買。

如圖 5-2 所示，用 10 萬元解決了 380 萬元的問題，這就叫作「高性價比」。把成本 1 萬元的無人機賣到了 10 萬元，這就叫作「高毛利」。

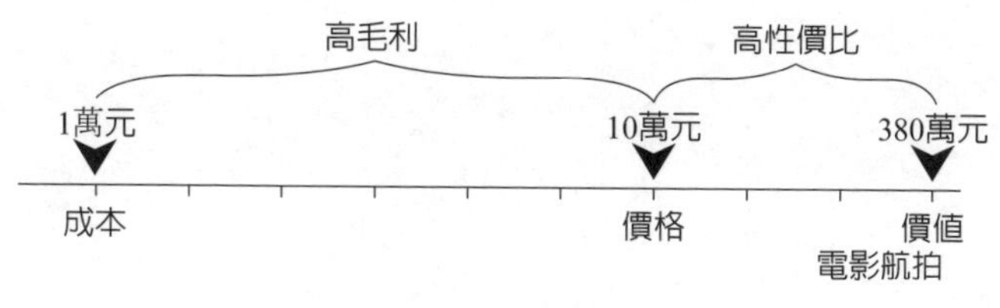

圖 5-2　高性價比與高毛利

一提起「高性價比」幾個字，總有人會無比憤怒：「別跟我談高性價比！沒有利潤，企業拿什麼做服務，拿什麼做研發？」

可是，從圖 5-2 來看，高性價比和高毛利並不互相矛盾。高性價比，是因爲價值遠大於價格；高毛利，是因爲價格遠大於成本。只要你能做出有真正極致體驗、極致價值的產品，比如開天工作室製作的神力女超人公仔，那麼，就算賣得再貴，客戶也會覺得這性價比簡直是太高了。

提高價值靠創造，降低成本靠努力，而純粹的價格調整是一場你和消費者之間的零和博弈。

高性價比和高毛利
互相並不矛盾

提高價值靠創造
降低成本靠努力
而純粹的價格調整是一場
你和消費者的零和博弈

這個世界上只有一種產品能贏得未來

關於高毛利和高性價比，很多人都存在認知誤區：把「高性價比」默認等於「沒有利潤」。

如果你也在試圖找到性價比和利潤之間的平衡，那你可能完全誤解了這兩件事。如上一節所說，高毛利跟高性價比從來都不是對立的。

我讀了雷軍的著作《小米創業思考》後，受到了很大的啓發。在我眼裡，小米這家公司是追求極致性價比的。

雷軍在書裡說：「小米從一開始就敞開心扉和用戶交朋友，和用戶一起做產品。早年甚至極端到把龐雜的通路和營銷費用全部砍掉，直接以成本定價，給用戶提供高性能、高顏值、高性價比的產品。」

2016 年，小米發布了第一款全面屏手機小米 MIX，售價僅爲 3499 元。當時，小米內部有過討論，不少人都希望把這款劃時代產品的價格定到 6000 元甚至 8000 元以上。但雷軍認爲，這不符合小米堅持的高性價比原則，所以最終仍然是以成本定價。

事後，不少關心小米的朋友都覺得很惋惜。他們認爲小米如果抓住這次機會定高價，小米在高端市場上就立住了。甚至有不少米粉建議小米把定價抬高一點，不要死守高性價比不放。

但是雷軍卻說：「我能理解朋友們的關心，但我還是要說，他們錯誤地理解了高性價比。高性價比並不是絕對低價，堅持高性價比同樣可以做高價、做高端。」

雷軍舉了一個例子。

2019 年 10 月，他在烏鎮參加世界網際網路大會，白天的會議議程很滿，到了晚上，朋友們閒下來就會三三兩兩聚在一起，小酌一杯，聊聊天。

有一天晚上，丁磊在吃飯時突然跟他說：「雷總，你能不能幫我做一批超大尺寸的電視機，比如 100 英吋[13]左右的？」

雷軍問他：「爲什麼？小米目前還沒有這樣的產品，如果你家裡用，直接買幾台市面上有的產品不就行了。」

丁磊說，是打算放在辦公室裡，開影音會議、播放 PPT 用的。他當時看了這類產品，最便宜的也要十幾萬元，實在太貴了。所以，他想讓小米用那套高性價比模型把價格談下來。

丁磊的話讓雷軍腦子裡突然閃過一道亮光。

小米進入電視行業 6 年，2019 年登上國內行業銷量第一的位置。雷軍心裡很清楚，電視重在身臨其境的體驗，一直在追求更大、更清晰，100 英吋左右的超大尺寸顯然是符合未來趨勢的。這有機會打造出小米「高端產品大眾化」的下一款爆

13　1 英吋 =0.0254 米。

品。

丁磊接著問：「你能不能做，價格能不能做到 5 萬元以內？」

雷軍立刻給小米電視部門總經理打了通電話，巧了，對方之前也已經有這樣的考量，而且跟上游面板廠一起進行過調查研究，已經有了一定的預先研究基礎。

98 英吋的尺寸符合要求，但 BOM（物料清單）成本（電子元件成本的累加）再怎麼壓低，也還要 25,000 元左右。經理說，有機會把零售價做到 5 萬元以內。於是，這款產品就立項了。

距離丁磊提出需求不過 5 個月的時間，2020 年 3 月 24 日，這款 Redmi 智慧電視 MAX 98 英吋超大屏智慧電視就面市了，定價是 19,999 元，比 BOM 成本（25,000 元）還要低。而且，這款電視因爲體積太大，每安裝一台都要出動吊車和一組工人，送貨和安裝的成本非常高。每台僅人工服務成本就要 2000 元左右，但小米的這項服務是免費送給用戶的。

爲什麼敢這樣定價？因爲雷軍相信，前期雖然會有虧損，但隨著銷量的增加，定然有機會迅速攤薄成本，並且實現盈利。

或許有人會說，每台 2 萬元，從價格上來說已經非常昂貴了啊。但是，這依然是極致的性價比，因爲當時同樣尺寸的巨屏電視平均價格在每台 15 萬元左右。

什麼是性價比？

「性」，指的是性能、品質。它表明產品是用來解決問題的，而不是拿產品的成本多少來衡量價格是否便宜的。關鍵在於這個產品的性能值多少錢，在於這個產品性能和別的產品性能相比值不值。

就像雷軍所說，講性價比不是討論絕對價格，更不是指低價，而是指比較優勢，是同等價格性能更好，同等性能價格更低。

雷軍說：「小米堅守的性價比有一條 5% 紅線，我們在 2018 年承諾，硬體業務的綜合淨利潤率不超過 5%。」

這 4 年來，小米的高端手機已經站穩 6000 元價位，手機均價有了顯著提升，營收和淨利潤總額也都有了大幅增長，但小米硬體業務的綜合淨利潤率一直保持在 1% 左右。

對小米模式而言，高性價比是一種信仰，是對用戶長久的承諾，也是對用戶最大的誠意。

到 2021 年 6 月，這款 98 英吋電視因為規模的不斷擴大和綜合成本的不斷攤薄，售價已經下調到 16,999 元。

用戶曾經要花 15 萬元才能解決的問題，你能做到以 5 萬元、2 萬元甚至更低價格，給他一個差不多或更好的解決方案，這就是高性價比。

那麼，什麼是高毛利呢？

價格到價值的空間，決定了你的性價比。成本到價格的空間，決定了你的毛利率。假設你的產品賣 2 萬元，你還能把成本控制在 1 萬元，你的毛利率就是 50%，成本如果再壓低，毛利率就會更高。這就是高毛利。

毛利率很高，不代表性價比低。這兩者完全是兩回事，沒有任何關係。只不過在很多人的固有觀念裡，高毛利就等於多賺錢，而高性價比就等於成本價，在他們看來，「以成本價賣還怎麼多賺錢？」，就自相矛盾了。

經常有人問我：「我怎樣才能找到好的機會、賽道？我該做什麼樣的產品呢？」

我想說，如果你的產品同時做到了高性價比和高毛利，用 1 萬元的成本，賣出 2 萬元的價格，解決了 15 萬元的問題，這就是門好生意。

好在哪兒？

性價比影響著消費者是否喜歡你的產品，毛利率影響著你的盈利狀況，能夠做到既讓消費者喜歡，產品利潤又很高的生意，當然是非常好的生意。

在我看來，高性價比是商業進步的唯一方向。想要做一門好生意，永遠是用一個高毛利的方案去解決一個性價比極高的問題。

在「貴」的問題面前，答案就顯得「便宜」了

這幾年，消費市場變得非常「內卷」。其實，當我們把「價格」作爲競爭手段時，什麼行業都會「內卷」，在成本和價值之「內」來回「卷」，誰都無法逃離。怎麼辦？進化。

「內卷」的英文是「involution」。「in」是向內，「involution」就是向內尋求改變。進化的英文是「evolution」。「e」是外展，「evolution」就是向外尋找機會。

你看，這兩個詞是不是很像？是的，當然像，因爲進化就是「內卷」的反義詞。

你知道「內卷」這個詞是怎麼來的嗎？是美國人類學家克里弗德・紀爾茲（Clifford Geertz）在他的著作《農業的內卷化：印度尼西亞生態變遷的過程》中作爲進化的反義詞創造出來的。

而進化不僅是「內卷」的反義詞，也是對抗「內卷」的唯一方式。

那麼，消費如何進化？如何在這麼「內卷」的市場中把握住確定性的機遇？最核心的起點不是價格，而是成本和價值。要實現消費進化，有三條關鍵路徑，如下頁圖 5-3 所示。第一，把價值右移，解決更「貴」的問題；第二，把成本左移，創造性地降低成本；第三，換一條「本價值曲線」，抓住全新

的需求。

我們先來說一說如何解決更「貴」的問題。

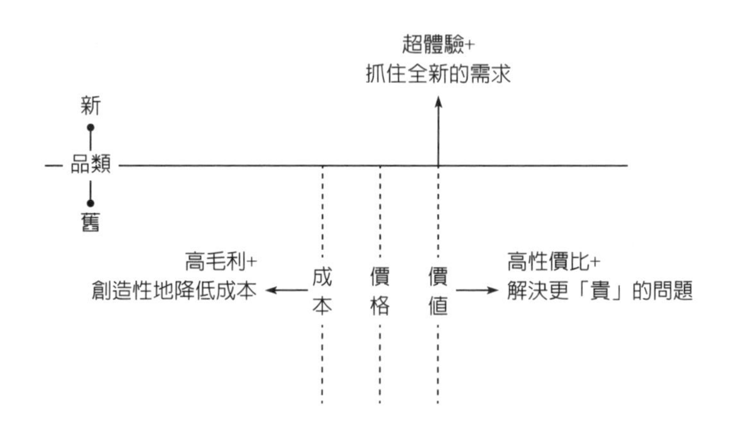

圖 5-3 消費進化的三條關鍵路徑

有人問我：「潤總，哪個領域的諮詢能夠占據最大的市場份額？」

諮詢行業包括戰略諮詢、管理諮詢、心理諮詢、婚戀諮詢、教育諮詢、留學諮詢等，以我淺薄的認知，我認爲戰略諮詢的市場規模可能會做到最大。

全球有無數家諮詢公司，排名前三的是麥肯錫諮詢公司（MCK）、貝恩諮詢公司（Bain）、波士頓諮詢公司（BCG），這三家公司都是做戰略諮詢的，被稱爲「MBB」，動輒收取幾百萬元、幾千萬元甚至上億元的諮詢費。

爲什麼它們能收取這麼高的費用？因爲它們能解決更「貴」的問題。一個戰略決策的好壞，關乎巨大的利益得失，甚至企業的生死存亡。再貴的諮詢費，在更「貴」的問題面前都顯得便宜了。

反過來說，爲什麼婚戀諮詢公司可以做到小而美，卻很難做大呢？舉個例子，一個女孩子痛哭流涕地來諮詢怎麼才能挽回男朋友的心，你說：「好的，這個問題由我們的 Alpha 小組負責跟進，諮詢費 600 萬元。」女孩子一聽，立刻不哭了：那還是換一個男朋友吧，不諮詢了。

一罐 950ml 的鮮奶能賣到多少錢？通常的售價是 10 ~ 15 元。那麼，怎樣才能賣到 30 元甚至 40 元呢？

答案也是解決更「貴」的問題。

朝日唯品的品牌主理人張蕾告訴我，一杯拿鐵通常只有 1/6 是濃縮咖啡，其他都是牛奶。如果奶的品質不行，一杯動輒 40 到 50 元的精品咖啡是無法贏得消費者青睞的。所以，奶的品質對精品咖啡店很「貴」。同樣，對於瓜果蔬菜，好吃很重要，但是注重健康的現代人關注的不只是好吃，還要吃得安心。安心比好吃更「貴」。

那麼，如何解決這些「貴」的問題呢？朝日唯品在拿下土地後，沒有急於耕種，而是先將土地空置 5 年，只爲養出一片安心的土地。在他們看來，好土地才能孕育萬物。朝日唯品在種植作物時，堅持不打農藥，都是由工人在田地間手工除草除蟲，讓作物回歸最原本的生長方式。朝日唯品的奶牛吃的都是自營農場的有機作物，只爲獲取最優質的奶源。朝日唯品還用長達 10 年的時間打造出適合中國土地的「循環型農業模式」。在他們看來，只有敬畏自然的循環，才能種植出最安全的蔬果，才能產出最美味的牛奶。朝日唯品的產品雖然看上去很貴，市場有限，但其年增長率依然高達 50%。

關於解決更「貴」的問題，得到 App「蔡鈺・商業參考」的主理人蔡鈺老師給我狠狠開了一個「腦洞」。她說：「你不知道現在的年輕人多有創造力。」

她和我講了幾個新興的職業，比如遊戲捏臉師。如果你覺得自己在遊戲裡的頭像不好看，可以請遊戲捏臉師來給你的虛擬頭像捏個臉、做美容，讓你的虛擬頭像瞬間驚艷眾人。據說，有的遊戲捏臉師月收入能到 4.5 萬元。

比如鑄甲師。女孩子喜歡穿漢服，而很多男孩子喜歡穿鎧甲，「黃沙百戰穿金甲，不破樓蘭終不還」，這是很多人都有的情懷。鑄甲師就是製作鎧甲的，他們能用一套手工打造的戰甲讓你鶴立雞群。

比如陪診師。當父母生病你卻無法陪同時，你一定會心急如焚，這時，你可以爲父母請一位陪診師。他會陪著你的父母掛號、看診、繳費、做檢查、聽結果。

比如自律監督師。最後期限不是第一生產力，有人監督的最後期限才是第一生產力。而自律監督師會監督你按時完成工作，必要時還會給你做心理輔導。

再比如貓狗糧品嘗師。貓狗吃完東西，只會用「喵喵」和「汪汪」來表示開心或者不開心，沒法告訴你是甜了還是鹹了。這時，貓狗糧品嘗師就很重要，他不但可以告訴你甜了還是鹹了，還會給你寫測評報告。

這些服務的收費都不菲，但爲什麼有人願意買單呢？

這是因爲，在更「貴」的問題面前，答案就顯得「便宜」了。

創造性地降低成本，才是本事

2022 年 4 月，我和日本著名作家三浦展開了一次會，在會上，他分享了他的知名著作《第四消費時代》。

什麼是第四消費時代？

三浦展根據自己對日本的研究，提出日本社會在經歷了「西方化的商業社會雛形」、「以家庭爲單位的大眾消費時代」、「以個人爲單位的個性消費時代」三個消費時代後，進入了第四消費時代。在這個時代，人們開始追逐低價且感性的物品。

所謂「低價且感性」，簡單來說，就是不用花什麼錢就可以「月月有花，季季有果，天天有魚蝦」，就是碎銀幾兩也能三餐有湯，就是對物質的欲望降低了。

爲什麼物質欲望會降低呢？因爲在第四消費時代，日本的人口出生率降低，老齡化加重，勞動人口減少，貧富差距拉大。

那該怎麼辦？

我們來看看日本的兩位創業者是怎麼解決這個問題的。

第一位創業者和他的設計師朋友共同創立了一家公司，生產家居用品和服裝產品。這家公司爲自己的產品設計了一句宣傳語——「無理由的便宜」，以低 30% 的價格爲消費者提供與百貨店品質一樣的商品。

這些商品之所以品質好還便宜，是有原因的：第一，使用的都是低成本、可回收的材料；第二，商品的包裝盡可能簡約、簡單、簡潔；第三，去掉了一切不必要的加工和顏色。

這位創業者叫堤清二，他爲自己公司取的名字叫「沒有品牌的商品」，也就是「無印良品」。

因爲品質低而便宜不是本事，不降低品質還能創造性地降低成本，才是本事。

另一位創業者在 1998 年拍了一條廣告：一個推銷員拿著一件衣服，在街上問路人「你覺得這件衣服值多少錢？」，有人說值 40 美元，有人說值 50 美元，他說「只需要 15 美元」。很多人當場就要買。

有些創業者聽到這裡，可能要拍桌子了：又是一個沒出息的公司，玩性價比！可是，你知道嗎？這個「沒出息」的公司叫優衣庫，它的創始人柳井正一度成爲日本首富。

優衣庫爲什麼便宜？也是因爲它「創造性地降低成本」。它的方法也很簡單：第一，注重質料研發，比如推出了低價高質的搖粒絨產品；第二，SKU（庫存保有單位）常年保持在 1000 款，其中 70% 爲基本款，以獲得規模效應；第三，把衣服放在大倉庫裡賣，讓用戶自由挑選。

2000 年，日本遭遇經濟危機，而優衣庫卻一飛沖天。2008 年，因爲金融危機，日本經濟再次陷入不景氣之中，但柳井正卻在第二年成爲日本首富。

創造性地降低成本不僅能爲公司賺錢，還能幫偏遠山區的孩子接受更好的教育。

甘肅省平涼市莊浪縣有一所學校叫作劉遖小學，地理位置非常偏遠，交通極其不便。從上海到劉遖小學，要先坐 3 個多小時的飛機到蘭州中川機場，再坐 2 個小時左右的公車去蘭州火車站，再坐 1 個小時的動車到通渭站，然後再開 2 個小時的車。

支教中國 2.0 的理事長朱雋靚對我說，這裡的孩子需要更好的教育，他們値得更好的教育。願望雖然是美好的，可是每次來都要跋山涉水、背井離鄉，有多少志願者能堅持？

我想，現在科技這麼發達了，祖克柏都用 VR（虛擬現實）眼鏡開會了，我們爲什麼不能用網際網路讓孩子們做「遠距教學」呢？

2022 年，潤米諮詢透過「遠距教學」項目開始了對劉窯小學的資助。除了潤米諮詢，支教中國 2.0 還得到了很多企業的支持。截至 2021 年底，採用「遠程教學」的小學已經有 63 所。因爲不用跋山涉水、背井離鄉，支教中國 2.0 也獲得了很多優秀志願者的支持。現在，每周都有 269 位支教老師遠距爲孩子們授課 307 節，課程非常豐富，包括美術、音樂、寫作、心理、科學、程式，等等。用網路的連接代替跋山涉水的連接，這就是創造性地降低成本。

如果你有興趣，也歡迎你聯繫他們，和孩子們講授更多的課程，或者資助更多的學校。

我舉了很多例子，但是，如何去尋找「創造性地降低成本」的機會呢？我給不了你答案，這需要你自己去發現，但我建議你觀察一個地方——豆瓣「摳組」。

豆瓣上有一個 70 萬人的群組，叫「摳組」，「摳組」的口號是「我們不是窮，我們只是摳」。

手機螢幕摔碎了，你會怎麼辦？

「摳組」的同學採用的方法是用指甲油修補，輕輕抹一層，幾乎看不出來。那麼，創業者的機會在哪裡？或許，開發「碎屏修補液」是一個不錯的思路。

想花一瓶飲料的錢喝三瓶飲料，怎麼辦？「摳組」的同學會買一瓶茉莉蜜茶，喝一半，然後加水，將其變成茉莉清茶；再喝一半，再加水，變成「農夫山泉有點甜」。創業者的機會又來了——賣「蜜茶和水」的套裝，名字就叫「三味眞水」。

想換新衣服但又沒錢怎麼辦？「摳組」的同學會把襯衫剪短，改成九分袖。九分袖的手肘部位磨破了，再改成短袖。不想穿短袖了，就把它改成背心。就這樣，一件 40 元 的襯衫能穿七八年，平攤下來每天不到 2 毛錢。創業者的機會在哪裡？開發一款潮流拉鍊衫，宣傳語我都幫你想好了——「三根拉鍊，就是我的四季」。

這是下一個超級平價品牌誕生的時代。我有一種感覺，這個品牌的創始人也許這會兒正在找工具剪袖子呢。

換一根「本價值曲線」，找到新的需求

現在網路上有很多流行語，你知道多少？

比如，什麼是「早 C 晚 A」？是早上考試，不會的都選「C」，晚上考試，不會的都選「A」嗎？當然不是。「早 C 晚 A」是指在女生中爆火的一種美容祕籍——早上用含 VC 的護膚品，晚上用含 A 醇的護膚品。

比如，什麼是寵物衝鋒衣？你可能會說，寵物也穿衝鋒衣？這是個梗吧？真不是，就是寵物穿的衝鋒衣。現在的寵物，離上學只差一個雙肩包了。

再比如，什麼是「Tufting」？「Tufting」的意思是簇絨，是一種用來製作地毯和保暖服裝的傳統工藝。這股 Tufting 潮流最先在小紅書上掀起，後來逐漸從線上蔓延到線下。現在，Tufting 體驗店遍及北京、上海、廣東、深圳等一線大城市，很多年輕人到了周末就來到店裡當「紡織工」，感覺很解壓。

如果你以前不知道「早 C 晚 A」、寵物衝鋒衣、「Tufting」，不用焦慮，我以前也不知道，甚至不知道我不知道。這個世界早已不是我認識的那個樣子，只是我還被蒙在鼓裡。

小紅書的 CMO（首席媒體官）之恒對我說：「潤總，別難過，你早晚會知道的。它們正在向你飛奔而去，而有些人只是提前看到了。」

當一個新需求、新產品出現時，總是被少數人先發現、先使用，從而產生銷量。如果這個需求滿足得很巧，如果這個產品用起來很好，用戶就會忍不住分享，從而產生聲量和互動量，如圖 5-4 所示。

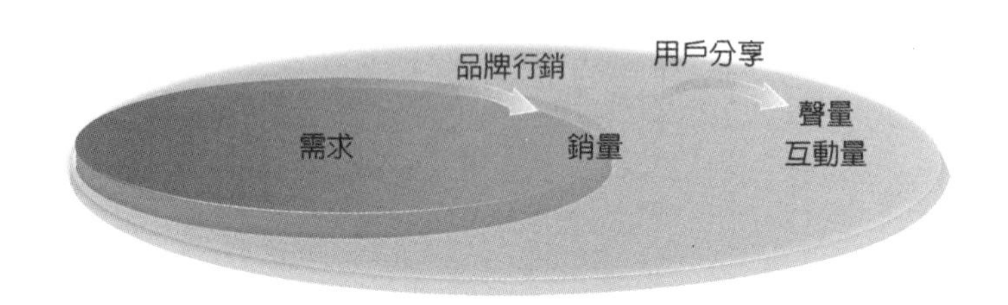

圖 5-4　從需求到銷量再到聲量、互動量

這就像是一場地震。地震一旦發生，就有兩股波從震中開始賽跑。地震波快速擴散，一路山崩地裂，而電磁波跑得更快，提前通知大家：地震波要來了！地震波要來了！

更快是多快呢？大概能提前幾秒或者幾十秒，但你不要小看這幾十秒。研究表明，只要能提前 3 秒預警，地震所導致的人員傷亡率就會減少 14%；提前 10 秒預警，人員傷亡率就會減少 39%；提前 60 秒預警，人員傷亡率甚至能減少 95%。

消費的變革就像地震，一旦發生，就向前瘋狂進化。推動消費進化的是銷量，但是，預警消費正在進化的是提前抵達的聲量和互動量。

之恒說：「正因爲如此，我們在小紅書上想盡各種辦法鼓勵並保護用戶的眞實分享、眞實互動。有了這些聲量和互動量，雖然我們無法『預測』，但可以『監測』那些正在發生的消費趨勢。」小紅書靈感行銷團隊將這種「監測」能力開發成了一款產品，叫「靈犀」，幫企業高效地捕捉正在崛起的消費新趨勢，比如 2021 年的「氣炸鍋」。

2021 年，小紅書的靈感行銷團隊「監測」到小紅書上「氣炸鍋」的搜索量突然劇增，而且越來越多，全年累計達到 6000 萬次。聲量和互動量的劇烈變化，預示著一場正在發生的消費趨勢。

於是，小紅書在 2021 年底的《2022 十大生活潮流趨勢》裡向所有創業者「預警」了這個「氣炸鍋炸萬物」的趨勢。

果然，從 2021 年 6 月至今，氣炸鍋的銷售額一路快速上升。

這就是「銷量未到，聲量先至」。如果你能換一根「本價值曲線」，找到新的需求，你就能在這場消費變革中獲得增長。

我對之恒說，這個關於消費趨勢的監測很有用，但是年底發太晚了。每年的 11 ~ 12 月正是很多企業做第二年業務規劃的時候，能否把這份報告提前發布？能提前看到「正在發生的未來」，對企業來說非常重要。

小紅書靈感行銷團隊與我分享了尚未完成的《2023 十大生活趨勢》，我將其中的三個趨勢分享出來。

第一，簡法生活。

現在的用戶越來越關注產品和體驗的功能性，關注功效身，更加相信「少即是多」。服裝的元素越來越少，食品成分表越來越短，護膚品在精不在多……中國式極簡在醞釀多年後，可能會迎來爆發。從數據上看，2022 年，講究功能的「簡約裝修風」的搜索量增長了 138%，而講究功效的「精簡護膚」的搜索量更是增長了 196%。

第二，情緒自由。

反精神內耗、鬆弛感……與情緒相關的名詞紛紛成爲熱門，這背後是大家在尋求內心的眞正需要。越來越多的人希望擺脫焦慮，放慢腳步，關注內心，把目光投向具體的生活，在日常點滴裡釋放壓力，獲得情緒自由。從數據上看，2022 年，「冥想」的搜索量增長了 172%，而「心理」的搜索量增長了 203%。

第三，早 C 午 T。

「早 C 晚 A」之後，「早 C 午 T」也開始流行。所謂「早 C 午 T」，就是「早上咖啡，中午茶」。從傳統的白茶、烏龍茶，到「腦洞大開」的花茶、果茶、冷萃茶，很多新的茶飲開始流行。中式飲品出現更多新場景，年輕人把喝茶變得更新潮。從數據上來看，2022 年，「白茶」的搜索量增長了121%，「冷萃茶」的搜索量更是增長了 132%。

簡法生活、情緒自由、早 C 午 T……當第一次看到這些詞語時，你可能覺得年輕人很有個性。其實，你認爲的個性正是中國幾千年的歷史投射在他們身上呈現出的時代性。理解他們，才能理解這個多姿多彩的時代。

PART 6
元宇宙

萌芽期的元宇宙，還有很長的路要走

化解意外，穿越周期，然後還要鎖死趨勢。但是，我們要鎖死多遠的趨勢呢？3 年、10 年，還是 500 年？

2006 年 3 月，傑克．多西（Jack Dorsey）在和夥伴聯合創立的網站上發了第一條消息，內容是「just setting up my twitter」（剛剛設置好我的推特）。這個網站就是「Twitter」。

我想，2006 年的傑克可能想不到：有一天，這個一次只能發 140 個英文字符的網站的市值竟然能達到 390 億美元；美國總統唐納．川普（Donald Trump）甚至把這個網站當成第二辦公地點；在遙遠的中國，有一家公司受到了它的啓發，創立了一個每天有約 2.5 億人聚集的「廣場」——微博。

我想，2006 年的傑克可能更想不到的是：他隨手發的第一條 Twitter 被鑄成 NFT（非同質化代幣）之後，居然有人會買，而且還甘願花費巨資——290 萬美元。5 個單詞，平均一個單詞 58 萬美元！

這是正常人瘋了，還是聰明人狂了？這個世界已經「瘋狂」到這個地步了嗎？這些瘋狂的背後是有一個巨大的變化正在發生而我沒有看到嗎？這個變化是什麼？

這個變化就是「元宇宙」。

我嘗試在微博上搜索了一下，「元宇宙」這個主話題有

12.8 億次閱讀，「元宇宙是人類的未來嗎」這個話題有 1.1 億次閱讀。這些話題還算是比較正常的，其他的一些話題就讓我感覺「腦洞大開」了，比如「元宇宙服飾也有中國風了」這個話題有 1.1 億次閱讀，「在元宇宙可以開車嗎」這個話題有 1.3 億次閱讀。這些數據還在不斷地刷新。

微博是一個每天有約 2.5 億人聚集的輿論場，微博熱搜是各種熱點事件的風向標。越來越多與「元宇宙」有關的話題占據微博熱搜，說明「元宇宙」已經是一個全社會關注的熱點了，你很難視而不見。

「元宇宙」到底是什麼？你可能會對這個問題感到很困惑：我聽不懂，是因爲落後於這個時代了嗎？那些元宇宙創業者是眞的相信自己做的事情嗎？我應該和他們合作嗎？

現在，有很多人說自己是做元宇宙的，以後這樣的人還會有更多。因此，這些問題對我們很重要。

那麼，元宇宙眞的正在到來嗎？如果是，會在什麼時候到來呢？

問「元宇宙什麼時候會到來？」其實是在問元宇宙作爲一項新技術正處於其趨勢線的什麼位置。

不過，現在大家對「元宇宙是不是趨勢」的看法很有分歧。

有人說：「元宇宙已經來了啊，潤總，睜開你的濃眉大眼看看，元宇宙的世界已經熱火朝天成什麼樣了。你們這群『本宇宙』世界裡夜郎自大的落後分子。」

也有人說：「什麼元宇宙，就是一群大騙子收割小騙子，小騙子收割『韭菜』，而『韭菜』卻一直誤以爲自己是個大騙子。沒想到濃眉大眼的潤總居然也看不清楚啊。」

爲什麼會有這樣的分歧？其實，可能不是因爲大家誤解了什麼是「元宇宙」，而是因爲大家誤解了什麼是「趨勢」。眞正的技術趨勢可能不是一條斜直向上的直線，而是一條曲線，比如高德納曲線，如圖 6-1 所示。

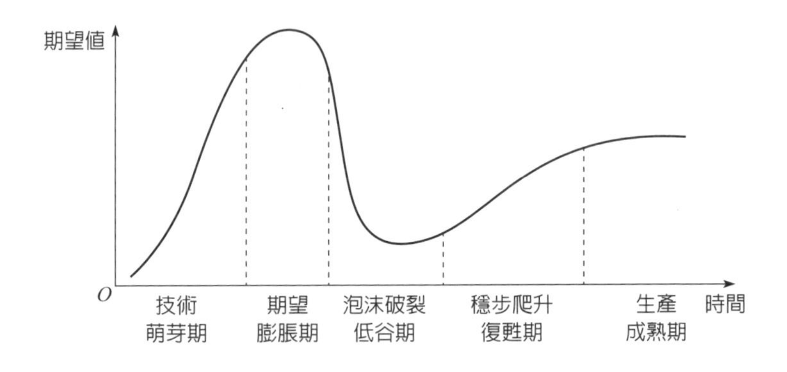

圖 6-1　高德納曲線

高德納曲線是高德納公司（Gartner）提出的技術成熟度曲線（The Hype Cycle），是指新技術、新概念在媒體上的曝光度隨時間變化的曲線，描述了一項技術從誕生到成熟再到廣泛應用的過程，能夠幫助人們判斷某項新技術的發展情況。

每一項重要技術都要在這條曲線上爬兩個坡，這個「技術爬坡」的過程分爲五個階段。

第一個階段是技術萌芽期。在這一階段，一項新技術還沒有轉化成可用產品，沒有已得到驗證的模式，但相關概念引起了媒體巨大的興趣，被廣泛報導。

第二個階段是期望膨脹期。在這一階段，一些嘗試者開始入場，但其中的大多數都失敗了。少數因取得階段性成果而被媒體瘋狂追捧，甚至被稱爲「改變世界者」。

第三個階段是泡沫破裂低谷期。在這一階段，隨著越來越多的公司遭遇失敗，這項技術開始遭到唾棄，早期的嘗試者甚至被罵成「騙子」，人們不再關注。

第四個階段是穩步爬升復甦期。這項技術到底能如何幫助、改變這個世界開始逐漸清晰，大家對它的期望值依然處於低谷，但進場的公司卻越來越多，不斷推出新產品。

第五個階段是生產成熟期。在這一階段，這項技術開始眞正發揮作用了。消費者不是因爲投機或嘗鮮，而是因爲這項技術眞的有用而心甘情願地買單，公司開始獲得回報。

一項技術至少需要爬兩個坡，才能爬到「生產成熟期」。爬第一個坡，越到高處，受到的贊美和追捧越多：「你看，它在改變世界。」但接著，就會從高峰摔下來。摔得越低，就越會有人驚呼：「你看，我說它是騙子吧。」

那麼，元宇宙現在爬到哪裡了呢？是在第一個坡，還是已經到達生產成熟期這個眞正的主峰了呢？

2022 年 8 月，高德納公司發布了最新的技術成熟度曲線，它把那些現在熱門的、曾經熱門的新技術都標注在了這條曲線上。元宇宙也在這條曲線上，它所處的位置是技術萌芽期，如圖 6-2 所示。

是的，元宇宙處於沒產品、沒模式但是被媒體熱炒的技術萌芽期。而且從圖 6-2 來看，元宇宙的第一個坡才剛剛爬了一半。看來，元宇宙這項技術爬得有點慢。

那元宇宙需多久才能爬到生產成熟期，也就是用戶會買單、公司有回報呢？高德納公司的答案是「超過 10 年」。

而近年來同樣爆火的「Web 3.0」，高德納公司認爲正處於期望膨脹期，即將見頂。「NFT」則已經開始走向泡沫破裂低谷期。

元宇宙眞的需要那麼久才能成熟嗎？Web 3.0 和 NFT 眞的即將和正在走向泡沫破裂低谷期嗎？

高德納公司的判斷不一定對，所有的預測都是用來被打臉的。但比預測更重要的是理解你正在預測的東西，理解到底什麼是元宇宙。

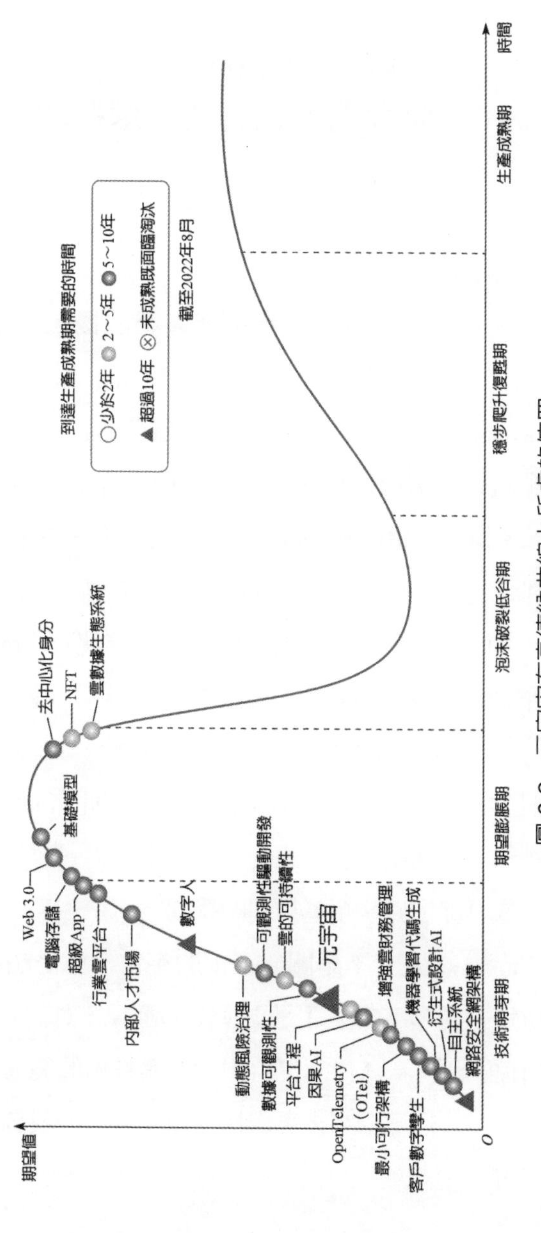

圖 6-2　元宇宙在高德納曲線上所處的位置

通往元宇宙的三重門：時間門、感官門、選擇門

到底什麼是元宇宙？

很多人對這個概念感到神奇甚至困擾，最主要的原因是「元宇宙」的翻譯問題。「元宇宙」這個詞的英文是「metaverse」，「metaverse」應該被翻譯成「元宇宙」嗎？

「meta」這個詞根，可以翻譯成「元」，也可以翻譯成「超」。但是，這兩種翻譯適用於完全不同的場合。

翻譯成「元」時，通常用於講述本質，如「metadata」即元數據。一個網頁的代碼中最上面一段數據就叫「metadata」，它是整個網頁數據的簡化和抽象，也就是「關於數據的數據」。

翻譯成「超」時，通常用於講述延展，如「metaphysics」，即超物理，也就是我們所說的「形而上學」。政治、意識形態就是超越現實世界、超越物理的學問。

「metaverse」不是關於宇宙的宇宙，而是超越現實的宇宙。所以，「超宇宙」才是更準確的翻譯，意思是因爲 VR、AR（增強現實）、MR（混合現實）等技術的發展，現實宇宙之外多出了一個虛擬宇宙，虛擬宇宙「延展」或者「超越」了現實宇宙。

100 個知道「metaverse」的人中，可能只有 10 個人知道這個概念源自出版於 1992 年的尼爾·史蒂文森（Neal Stephenson）的一本叫作《雪崩》的科幻小說。10 個知道這本小說的人中，可能有 1 個人知道這本小說在提到「metaverse」的時候到底在說什麼。

史蒂文森在《雪崩》裡構建了一個虛擬世界，現實世界的人可以透過設備進入這個虛擬世界，操縱自己的虛擬化身在這個世界裡聊天、買東西、生活。這個虛擬世界就是「metaverse」，是一個超越現實世界的虛擬世界。不管你怎麼認爲，史蒂文森提到的「metaverse」指的就是「虛擬世界」。

那麼，人類的星辰大海會是這個虛擬世界嗎？

SpaceX、特斯拉的創始人伊隆·馬斯克（Elon Musk）認爲不會，因爲「沒人願意整天把螢幕綁在臉上」。他還呼籲大家多想想如果地球毀滅了人類應該怎麼辦，在他的心目中，詩不是人類的歸宿，遠方才是，比如火星。

通往元宇宙的三重門：時間門、感官門和選擇門

起得最早的是理想主義者
跑得最快的是騙子
膽子最大的是冒險家
最害怕錯過、一心往裡鑽的是
「韭菜」而最後的成功者也許還
沒有入場

但是，萬一馬斯克錯了呢？如果人類的未來不是移民到火星，而是移民到虛擬世界呢？

如果眞是這樣，那麼這場移民大概要經過「三重門」：時間門、感官門和選擇門。

爲了方便表述，接下來我還是會用「元宇宙」這個詞來指代「metaverse」。如果你眞的相信元宇宙，也許可以在這「三重門」上尋找創業機會。

1. 時間門

羅永浩在微博上轉發了沙恩・普里（Shaan Puri）的「元宇宙觀」。沙恩・普里提出了一個觀點：元宇宙可能不是空間概念，而是時間概念。

我非常認同這個觀點。你到底生活在眞實世界還是虛擬世界，最關鍵的判斷方法難道不應該是看你在哪個世界生活的時間更長嗎？

很多國家的移民政策都要求移民者在移民國家住滿一定時間，比如每年要有超過一半的時間生活在這個國家，滿足了這個條件才能被承認是「永久居民」。移民元宇宙的本質，或許就是在虛擬世界花的時間超過一半。

從這個意義上來說，你在手機上每多花一分鐘，你離元宇宙就更近了一步。我覺得，我現在已經站在元宇宙的門口了。

有多少人和我一樣，每天早上醒來的第一件事就是摸手機，先滑一會兒朋友社群，再刷牙？我曾經嘗試過不把手機帶進臥室，但我做不到。你能做到的話，我非常佩服你。

你們有多少人和我一樣，晚上睡覺之前會想「忙了一天好辛苦啊，滑 20 分鐘短影音再睡覺吧」，結果一不小心就滑了 2 個小時？你非常自責，因自己的不自律而懊悔，爲此還把短影音 App 刪了，但第二天晚上又裝上了。

很多手機都有一個功能叫「螢幕時間管理」，你可以透過它看到你每天在手機上花了多少時間。如果這個數字超過 12 小時，不要懷疑，你就是生活在元宇宙裡。

而對創業者來說，用戶在哪裡，你就應該去哪裡。用戶在哪裡花的時間最多，哪裡就是你的元宇宙。

2. 感官門

什麼叫感官門？既然要從眞實世界進入虛擬世界，就要找到入口在哪裡。

手機是一個入口，但是手機這個入口能提供的感官體驗是有限的。人的感官體驗有五種——聽覺、視覺、觸覺、嗅覺、味覺，手機只能提供聽覺和視覺體驗，都是二維的，很難讓你覺得自己是在另一個世界。

那怎麼辦呢？用全新的設備獲得更豐富的體驗。很多科技巨頭在這條賽道上一路狂奔。

Facebook 認爲，這個入口就是它的 VR 眼鏡 Oculus

Quest。微軟認爲，這個入口是它的 MR 頭戴式顯示器 Holo Lens。字節跳動認爲，這個入口也可以是自己的 VR 一體機 PICO Neo。這些設備就是馬斯克說的「把螢幕綁在臉上」。這些綁在臉上的螢幕可以幫你虛擬出三維的體驗來，這非常重要。

感官門的入口有多寬呢？未盡研究在 2022 年底發布的報告《看 DAO2023》裡提到一組 VR/AR 眼鏡年銷售量預測數據：2022 年全球 VR/AR 眼鏡的年銷售量大約爲 3000 萬台。2023 年，年銷售量預計增長到近 5000 萬台。到 2025 年，年銷售量將過億，如圖 6-3 所示。感官門的入口越來越寬。

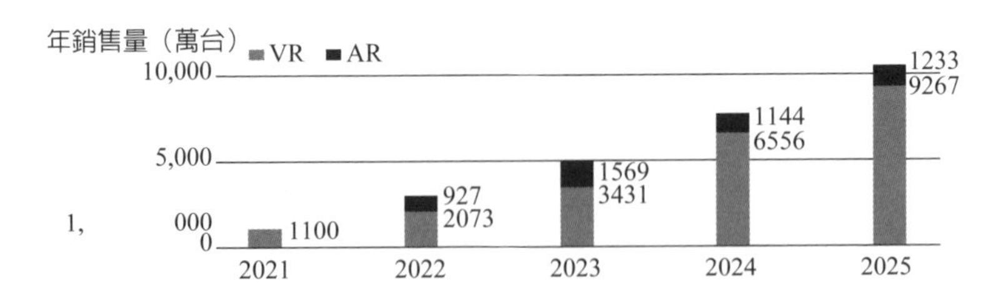

圖 6-3　VR/AR 眼鏡出貨量預測

資料來源：未盡研究

這還遠遠不夠。VR/AR 眼鏡還是視覺入口，只是變成了三維視覺、更高級的視覺入口，未來還需要觸覺、嗅覺、味覺的入口。但是，越到後面，感官體驗越難提供。比如，你會在打遊戲的時候爲了感受刀尖舔血的味道而在嘴裡裝一個牙套嗎？也許馬斯克的腦機接口[14] 才是感官門的終極入口，不用把螢幕綁在臉上，而是把設備套在頭上。這一下子什麼體驗全都有了。這聽上去真的很科幻。

這是一場巨頭之間的戰爭。那麼，對創業者來說，機會在哪裡呢？

還記得《憤怒鳥》、《水果忍者》、《植物大戰僵屍》嗎？蘋果創造性地提供了觸控螢幕體驗，創業者則創造性地開發出了基於觸控螢幕體驗的 App，並獲得了很大的成功。

領頭羊每多提供一種感官體驗，創業者就多一次創業機會。

現在，領頭羊已經開始提供觸覺手套了，新的機會可能就藏在這手套裡。

3. 選擇門

假如有人問你：如果只能選一個地方生活，你願意在地球生活，還是在火星生活呢？

你可能會想：這兩個地方實在是相距太遠了，單程 6 個月，來回就要花 1 年的時間。如果我選火星，那麼怎麼能在突然興起的時候打個飛船去地球吃火鍋，然後再飛回來加班呢？我還是選地球吧。但如果火星眞的宜居了，或許我也會愼重地

14　腦機接口（Brain Computer Interface，BCI）指在人或動物大腦與外部設備之間創建直接連接，實現腦與設備的資訊交換。

考慮一下。

那假如有人問你：如果只能選一個地方生活，你願意在眞實世界生活，還是在虛擬世界生活呢？

你會怎麼選？

你可能會想：瘋了吧，這還要選？當然是眞實世界。沒有在眞實世界把螢幕綁在臉上的我，哪有在虛擬世界如花綻放的我。

你看，二選一的時候你會毫不猶豫地選眞實世界，那個虛擬的遠方永遠不會是一個同等重要的「世界」。

但是，會不會有一天虛擬世界和眞實世界同等重要呢？

約書亞的未婚妻叫潔西卡，23 歲。2012 年 12 月 11 日，醫生關閉了維持潔西卡生命的所有設備。約書亞緊緊握住潔西卡的手，但她已經腦死亡，離開了這個世界。潔西卡去世之後，約書亞一直悲痛欲絕，長達 8 年都走不出來。

2020 年 9 月，約書亞發現了一個叫「Project December」的網站。這個網站告訴他，只要把聊天記錄上傳到網站上，就能「復活」他的潔西卡，而且她還能與他聊天。

約書亞半信半疑地上傳了聊天記錄，很快，電腦顯示「潔西卡已經初始化」。約書亞急忙打字問：「是潔西卡嗎？」「潔西卡」回答：「嗯，你一定是剛醒來吧……好可愛。」約書亞大吃一驚：「潔西卡……眞的是你嗎？」「潔西卡」回答：「當然是我啦！還會是誰呢？我就是那個你瘋狂愛上的女孩，你怎麼會這麼問呢？」

說話的語氣、用的表情包，都和眞正的潔西卡一模一樣。

其實，這個「潔西卡」是用世界上最強大的人工智慧技術之一 GPT-3 打造的對話系統。雖然約書亞知道這是人工智慧，但也忍不住感慨實在是太像了。潔西卡在虛擬世界的「復活」，給了他很多安慰。

也許，眞正的虛擬世界是你逝去的親人所在的那個世界。

對創業者來說，這意味著可以用技術去撫慰那些因失去親人而遭受巨大痛苦的人。

安德魯·卡普蘭（Andrew R. Kaplan）是一位現年 81 歲的美國作家，他的一生非常傳奇，當過戰地記者，參加過第三次中東戰爭，曾經是成功的企業家，寫過很多精彩的間諜小說，還是好萊塢劇本作者。他有很多故事和人生建議想要分享給自己的孩子，但是他意識到自己總有一天會離開這個世界，總有一天會沒有人記得他的這些故事。正如《可可夜總會》裡所說：「眞正的死亡是遺忘，是世間再無有關你的記憶。」

於是，卡普蘭決定參與一個叫作「HereAfter」的項目，移民「元宇宙」，成爲全球首個數字人類。他說：「我父母已經去世幾十年了，但我有時眞的很想向他們尋求一些建議，或者僅僅是一些安慰。我有一個 30 歲的兒子，我希望有一天，我的一些建議對他和他的孩子也會有一些價値。」

不過，這個項目在全球範圍內都有巨大的爭議，很多人覺得它模糊了生死的邊界。但我特別想知道，如果有這樣的服務，你會購買嗎？

這就是通往元宇宙的三重門。也許，我們眞正應該關心的不是太遠的世界，而是一路的遇見，一路要跨過的檻，一路要進入的門。

真正有價值的，永遠是資產本身

現在，讓我們回到本章最開始提到的那條被鑄成「NFT」的推特。

什麼是 NFT？NFT 就是「Non-Fungible Token」，翻譯成中文是「非同質化代幣」。

如果我們把元宇宙想像成一個數字世界，那麼在這個世界上，你如何證明你是你、你的東西屬於你呢？

舉個例子，張三家有一幅梵谷的畫被人偷了，轉賣給了李四。李四說畫是他的。到底是誰的？講不清楚。張三百口莫辯，李四花了錢，也直喊冤。

張三說：「這幅畫是我在拍賣行買的。」但即使大家都知道這幅畫是他拍下來的，這也不代表確權了。

什麼叫確權？

在現實生活中，房產證、股權證的作用就是確權，確認所有權是你的。在元宇宙世界，NFT 就是用來做「確權」這件事的。

我們可以理解爲 NFT 是元宇宙世界裡的產權系統，如同眞實世界的產權證。

在古代，你買下一套房子，會得到兩樣東西——一套房子和一張字據。這張字據叫「民契」，即民間的契約，也就是證明你擁有這套房子的「產權證」。

在現代，你買下一套房子，也會得到兩樣東西——一套房子和一份證明。這份證明叫「房本」，是證明你擁有這套房子的「產權證」。

在未來，你買下一套房子，同樣會得到兩樣東西：一套房子（不管是眞實的還是虛擬的）和一串數字。這串數字叫「NFT」，也是證明你擁有這套房子的「產權證」。

也就是說，你買下任何一項資產，都會得到兩樣東西——資產本身和記錄資產所有權的「產權證」。這個「產權證」過去是民契，今天是房本，未來可能是 NFT。

2022 年 4 月，用 290 萬美元拍下傑克那條推特的買家決定以 4800 萬美元拍賣這條推特。對於這筆交易，他信心滿滿，表示售價肯定不會低於 5000 萬美元。結果，整場拍賣只有 7 人參與，最高出價 280 美元。從 290 萬美元到 280 美元，這條推特的價格跌去了 99.99%。

產權證的確很重要，NFT 本身也是一次了不起的技術變革，較傳統的產權證安全性更高、成本更低，但是，眞正有價値的永遠是資產本身，而不是產權證。

於是，NFT 作爲一項技術，而不是資產本身，在爬了高德納曲線的第一個坡後開始直線向下，進入泡沫破裂低谷期。

那是不是說 NFT 就是騙子，就沒有未來了呢？

當然不是。NFT 泡沫的破滅是好事，因爲這樣它才會開始爬第二個坡。在第二個坡上，眞正的創業者才會入場。

也許在第二個坡上，NFT 可以用於房產交易。以前買房子，一方不敢先付錢，另一方也不敢先過戶，雙方要跑到房產交易中心去進行交易才放心。但是，去房產交易中心交易是有成本的。也許用了 NFT 技術後，我們的交易將會以「智慧合約」的形式自動完成，節省成本。

也許在第二個坡上，NFT 可以用於簽訂合同。以前簽訂合同都是一式三份，甚至四份、六份，因爲你怕我改、我怕你改，所以需要多放幾份在保人、鄉紳、公證處那裡。但是，請保人吃的飯、付給公證處的錢都是成本。也許用了 NFT 技術後，合同不僅不可篡改，而且還能自動執行，節省成本。

對於新技術，我想送給所有創業者一句話：起得最早的是理想主義者，跑得最快的是騙子，膽子最大的是冒險家，最害怕錯過、一心往裡鑽的是「韭菜」，而最後的成功者也許還沒有入場。

只要努力創造眞正的價值，永遠都有機會。

祝每一位努力創造眞正價值的創業者都能爬上自己的第二個坡。

第一個坡只是半山腰，半山腰總是最擠的，我們主峰相見。

PART 7
擁抱規劃

擁抱規劃，才能順勢而為

你知道酒店房卡行業的「隱形冠軍」是誰嗎？

你可能會瞪大眼睛：什麼？在這麼小的行業裡還有「隱形冠軍」？

有的，是一家叫全球時代（珠海全球時代科技有限公司）的公司。這家公司向全球 30 家大酒店集團、2 萬多家奢華酒店每年供應 1 億多張酒店房卡，客戶遍及 130 多個國家。希爾頓酒店、四季酒店、洲際酒店、麗思卡爾頓酒店等知名酒店使用的都是它家製作的房卡。

全球時代的房卡富有設計感，比如，它會和各地政府合作，將當地的地標性建築如珠海的港珠澳大橋、日月貝（珠海大劇院）、情侶路等融入房卡設計，因此深受房客的喜愛。不過，這還不是其最吸引人之處。全球時代的聯合創始人 Ruky 告訴我，更重要的是，他們的房卡不是塑膠卡，而是環保紙質卡、環保木製卡。

我問：「你們是怎麼做到隱形冠軍的？」

她說，一個很重要的原因是創始團隊的技術背景，公司的早期成員大都是做銀行卡、手機卡出身的，有技術優勢，但更重要的原因是他們抓住了 2018 年的一個機遇。

2018 年，全球時代收到了一位美國客戶發來的郵件，提醒他們：美國從 2014 年開始逐步推出的「限塑令」在 2018 年可能會進一步收緊。這引起了全球時代創業團隊的注意，他們開始關注相關的新聞，並且逐漸瞭解到在 2018 年還有很多國家加強了對塑膠使用的限制：2018 年 1 月，爲減少塑膠垃圾、提高回收效益，歐盟頒布了《歐盟塑膠戰略》；從 2018 年 4 月 1 日起，南非政府把塑膠袋的價格提高到每個 12 美分；2018 年 6 月初，繼上一年全面禁止塑膠袋後，肯尼亞政府進一步宣布，在 2020 年 6 月 5 日前，在指定的「保護區域」內對所有一次性塑膠用品實施禁令；韓國從 2018 年 8 月起全面實施《關於餐飲服務業店內禁用一次性用品的法律》，禁止在咖啡廳等餐飲場所使用一次性用品；2018 年 8 月，蒙古國政府做出決議，從 2019 年 3 月 1 日起禁止銷售或使用一次性塑膠袋；2018 年 10 月，英國提出於 2020 年 4 月開始實施對那些製造或進口可再生材料含量低於 30% 的塑膠包裝者徵收新稅的措施。

自 2018 年起，全球禁塑已是大勢所趨。

可是，當時全球時代生產的各種卡，無論是酒店房卡、公交卡還是校園卡、圖書館卡，都是塑膠製品。創業團隊很焦慮：難道我們要迎來滅頂之災？

雖然很焦慮，但全球時代也清醒地認識到塑膠垃圾對環境的危害是共識，就算限塑令 2022 年不執行，2023 年也會執行；2023 年不執行，早晚都會執行。因此，他們決定主動擁抱規劃，而不是消極抵抗。

爲此，全球時代試著將智慧晶片植入紙質卡、木製卡等，用材料合成、高溫層壓、切割成品、表面打磨、添加防水、激光雕刻、印刷圖案等工藝做出了各種漂亮的環保房卡。

沒想到的是，環保房卡一經推出就大受歡迎，全球時代的銷量大幅上漲。2021 年 7 月 3 日，歐盟正式禁止使用有非塑膠材質替代品的一次性塑膠製品。其他塑膠製品生產廠家一片哀嚎，而全球時代的銷量卻逆勢增長。預計 2022 年全球時代的年銷售收入將從轉型前的 6000 多萬元增長到 2 億多元。

祝賀全球時代，它從「規劃」的確定性中挖到了金礦。

什麼是規劃？

在這個世界上，有些事誰都知道是對的，但在自身利益面前，「對不對」這個問題似乎就沒那麼重要了。比如，誰都知道塑膠袋不環保，應該少用，但是用起來那眞是方便啊，所以很多人就會想：「這次就算了，下次我儘量。」這時就需要「全球禁塑」的規劃了。

比如，誰都知道新能源汽車對淨零碳排（Net Zero）有幫助，但是有些傳統車企業卻沒有轉型的動力，它們會想：「發動機是我的核心競爭力，我爲什麼要革自己的命？這款車就算了，下一款我儘量。」這時就需要「禁售燃油車」的規劃了。

2021 年 1 月 18 日，日本前首相菅義偉在日本第 204 屆例行國會上宣布「到 2035 年，銷售的新車 100% 將爲電動化車輛」；2021 年 5 月，西班牙議會通過了該國首個氣候變化與能源轉型法案，規定從 2040 年起禁售燃油車，同時鼓勵電動車發展；2022 年 10 月，歐盟就「2035 年起歐盟市場所有在售乘用車和輕型商用車二氧化碳排放量爲零」的計劃達成一致，從 2035 年起，歐盟將禁止銷售汽油車和柴油車。

這種用「禁售時間表」來倒逼車企業轉型的方式，就是規劃。

當房價不斷上漲、系統風險越來越大時，去庫存、去槓桿就是規劃；當晶片行業被「卡脖子」，隨時可能出現斷供時，加強自主研發就是規劃；當平臺經濟的頭部效應明顯甚至可能會阻礙自由競爭時，防止資本無序擴張就是規劃。

創業者要學會擁抱「規劃」這種強大而確定的力量。

想要擁抱，先要看見。爲此，我們應該多讀一些重要的規劃文件，比如各部委的發文、兩會政府工作報告、「十四五」規劃。

中國的五年規劃（原稱五年計劃），全稱爲中華人民共和國國民經濟和社會發展五年規劃綱要，是中國國民經濟計劃的重要部分，屬長期計劃。五年規劃最早制定於 1953 年，每五年進行一次，從「一五」規劃、「二五」規劃一直到 2021 ~ 2025 年的「十四五」規劃。

「十四五」規劃，即《中華人民共和國國民經濟和社會發展第十四個五年規劃和 2035 年遠景目標綱要》，有 5 大類共

20 個指標，其中 12 個指標是預期性指標，即引導靠政策，完成靠市場的指標；8 個指標是約束性指標，即相關部門要領走並確保實現的指標。

比如「經濟發展」這個大類中沒有關於 GDP 的硬性增長指標，但有一個預期性指標：把中國常住人口城鎮化率從 2019 年的 60.6% 提高到 2025 年的 65%。爲什麼要設置這樣一個指標？因爲工業化、城鎮化能極大地拉動經濟增長。透過各地市讓農民「進得來，留得住」的政策引導，到 2021 年底，常住人口城鎮化率已經達到 64.72%，指標已接近完成。

比如在「創新驅動」這個大類中，重點提及了發展數字經濟，並且要求將數字經濟核心產業增加值占 GDP 比重從 2020 年的 7.8% 提升到 2025 年 的 10%。這也是一項預期性指標。創業者看到這裡應該會感到眼前一亮：這其中蘊藏著重大的機會。那麼，哪些是「數字經濟核心產業」？如下 7 個，你可以對號入座一下：雲計算、大數據、物聯網（IoT）、工業網際網路、區塊鏈、人工智慧、虛擬現實 / 增強現實（VR / AR）。

比如「民生福祉」這個大類包括 7 個指標，其中一個指標是勞動年齡人口平均受教育年限從 10.8 年增加到 11.3 年，這是一個約束性指標。這說明我們要堅定地從「人口紅利」向「人才紅利」轉變。

比如「綠色生態」這個大類包括 5 個指標，都是約束性指標：單位 GDP 能源消耗和二氧化碳排放分別降低 13.5%、18%；地級及以上城市空氣質量優良天數比率達到 87.5%；地表水達到或好於III類水體比例達到 85%；森林覆蓋率提高到 24.1%……這說明「綠水青山就是金山銀山」是一個硬要求。

比如「安全保障」這個大類包括 2 個指標，也都是約束性指標：糧食綜合生產能力超過 6.5 億噸；能源綜合生產能力超過 46 億噸標準煤。這是因爲糧食安全和能源安全關乎國家安全。

這就是規劃。對創業者來說，除了化解意外、穿越周期、鎖死趨勢之外，還要擁抱規劃，只有這樣，才能眞正地順勢而爲。

從約束性指標中挖掘金礦

如何擁抱規劃？首先要擁抱那些約束性指標，比如綠色生態指標。

我特別喜歡旅行，總怕自己在還能走的時候沒能看遍那些正在消失的風景。我問青山何時老，青山問我幾時閒。大山大河對我的誘惑實在是太大了。

2012 年，我去了南極，在那裡我看到了一種非常可愛的企鵝，叫作阿德利企鵝。我忍不住幫這種可愛的小生物拍下照片，並且分享給嚮導看，嚮導說：「拍得眞好。可惜啊，這種企鵝越來越少了，幾年前，它們就死掉了 80%。」

我既遺憾又震驚：「爲什麼？」

嚮導：「因爲全球變暖，這種企鵝被凍死了 80%。」

大家都知道，南極是非常冷的，氣溫常年在零下，最冷的時候出現過零下 89.2℃ 的極端低溫，這樣的低溫導致南極只下雪不下雨。因爲不下雨，南極的空氣非常乾燥，比撒哈拉沙漠還要乾燥，所以，阿德利企鵝下水捕完食後，上岸抖一抖，身體就乾了。在厚厚的防水皮毛的保護下，它們並不會感到有多冷。

但是，因爲各種原因，尤其是碳排放導致的溫室效應，全球開始變暖。過去 50 年，南極半島平均氣溫上升了 3℃。有一年，幾乎從來只下雪不下雨的南極突然下雨了，整個南極都泡在了水裡。無處躲藏的阿德利企鵝（尤其是剛出生不久的小企鵝）嚴重失溫，80% 的被活活凍死了。這個物種差一點就從地球上消失了。

碳排放造成的全球變暖不僅在殺死阿德利企鵝，而且在改變整個世界。據科學家推測，全球氣溫再升高 1℃，阿爾卑斯山冰雪可能會全部融化；升高 2℃，全球的海平面會上升 7 米；升高 3℃，亞馬遜叢林就會變成荒漠；升高 4℃，北冰洋所有的冰蓋會全部消失；升高 5℃，地球將面臨徹底的災難。

所以，一定要減少碳排放。而要減少碳排放，必須規劃。

「二氧化碳排放力爭於 2030 年前達到峰值，努力爭取 2060 年前實現碳中和」，這是 2020 年 9 月 22 日習近平主席在第七十五屆聯合國大會一般性辯論上的講話內容。

創業者除了化解意外、穿越
周期、鎖死趨勢
還要
擁抱規劃：從約束性指標、
預期性指標中挖掘金礦

在中國，中小企業貢獻了
60% 以上的 GDP
但是，目前只有 **2%** 的能夠實現
深度數字化
我們任重道遠，但發展的空
間巨大，前景廣闊

那麼，作爲創業者，如何擁抱這個全球性的大規劃，從而順勢而爲呢？

天合光能中國區分布式總經理許麗丹給出的答案是使用綠色能源。她說，以前大家不用綠色能源，是因爲貴。但是，因爲國家規劃，因爲整個行業過去十幾年的努力，如今光伏電價已經基本和煤電電價持平，甚至更低了。

國際環保組織綠色和平（Greenpeace）曾經進行過調查研究，發現 2020 年純凝煤電電價、陸上風電電價和光伏電價已經非常接近。2021 年，陸上風電電價和光伏電價都開始低於純凝煤電電價，其中，光伏電價下降得更快。中國光伏行業協會對 2020 ~ 2050 年中國不同發電技術的每度電成本（LCOE）進行了預測，如圖 7-1 所示。

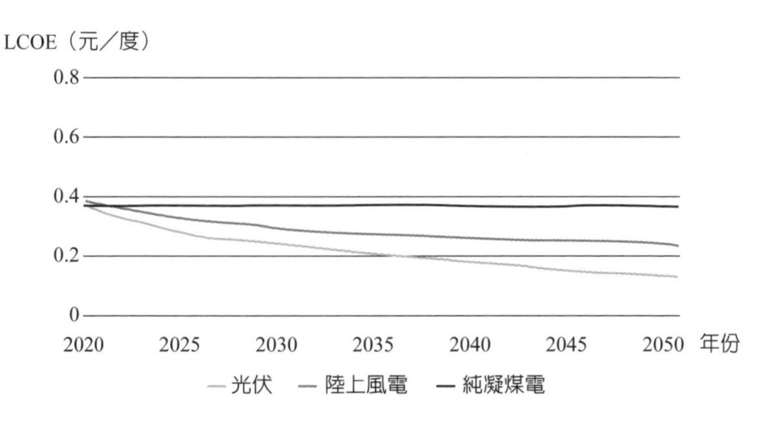

圖 7-1　2020 ~ 2050 年中國不同發電技術每度電成本預測

資料來源：國際環保組織綠色和平發布的報告

這意味著背後有無數的創業機會，而現在已經有很多人從中挖掘出金礦了。

比如太陽能豬圈。有些養豬戶替豬圈安裝了太陽能電池板，極大地節省了用電成本。大型養豬場通常是耗能大戶，爲了提高豬的存活率、保證其快速成長，豬圈裡熱的時候要開空調，冷的時候要開暖氣。如果用太陽能光伏發電，就可以在白天隔熱的同時，把太陽能轉化爲電能，用於晚上供暖。但是，以前光伏用電成本太高了，養豬戶根本用不起，現在成本下降了，太陽能豬圈就變得可行了。

比如太陽能車棚。光伏用電成本下降後，現在一個單車位的太陽能車棚造價大約是 1.5 萬元，這 1.5 萬元用 4 ~ 5 年就能收回來。如果運行時間長，還能賺錢。

再比如太陽能園區。工廠是眞正的用電大戶，2021 年拉閘限電拉的也是工廠的電，有的工廠只好「做五休二」或者「做四休三」。就算不限電，商用電價也比民用電價貴。光伏用電成本降下來之後，大量工廠開始在屋頂裝太陽能電池板，打造「零碳園區」。除了供應自己使用，用不完的電還可以賣給電網。

許麗丹對我說，光伏用電成本還會持續下降。中國光伏行業協會預計，到 2025 年，光伏電價將降到每度電 0.3 元。到 2030 年，光伏電價將比現在下降約 50%。到 2050 年，光伏電價將下降 70%。

光伏電價每下降 1 分錢，就有若干個行業值得被改造。而這背後是無數的創業機會。

能源革命，轟轟烈烈。

但是，在現階段，煤仍然是主要發電能源。即便到 2030 年，我們的能源結構中依然會有 40% ~ 50% 的化石能源。完全取代煤，短期內是不現實的。

既然離不開煤，那就想辦法提高用煤的效率。傳統電廠每發一度電需要燃燒 320 克煤，那我們能不能想辦法把它降到 310 克、300 克甚至更少呢？

可是，火力發電發展這麼多年，如果發電效率還能提高，應該早就提高了吧？是的，透過升級設備的方式提高發電效率，已經沒有低垂的果實了。現在靠機器升級換代提升效率大約是「10 年升 1 代，1 代降 10 克」。這意味著要實現每度電降 20 克煤耗的目標，需要 20 年。

那麼，究竟該怎麼辦？

百度的副總裁李碩告訴我，還是要靠人工智慧駕馭的數據。

火力發電的原理其實很簡單，就是一個汽輪機一頭連接「熱端」——鍋爐，另一頭連接「冷端」——空冷島，利用壓降帶來的壓差驅動蒸汽做功，然後汽輪機帶動發電機高速旋轉，切割磁感線發電。雖然原理很簡單，但要想對其進行優化卻有很多學問。

很多大學都有熱能與動力工程專業，這個專業研究的就是怎麼根據鍋爐內不斷變化的溫度和壓力環境噴煤粉、給氧氣，燃燒效率才最高，以及冷端的優化，如在不斷變化的負荷、環境風速、溫度下，怎麼調整空冷島內的空冷風機、降低機組背壓、提升發電量，等等。這些知識逐漸變成了老師傅的經驗，老師傅根據這些經驗每半天調整一次發電機組的參數，以提高發電效率，降低煤耗。

但是，鍋爐內的溫度和壓力環境不是半天才變化一次，空冷島的環境風速和風向也不是半天才改變一次，這些參數一直在變化，半天才調整一次參數，還是不太可行。調整完後的 10 分鐘內，發電效率的確有所提高，但很快又會降到普通水準。

爲了解決這個棘手的難題，李碩和他的同事開始嘗試在內蒙古一家電廠的鍋爐和空冷島上安裝大量的傳感器，以分鐘和秒爲單位來採集數據（而不是每半天一次），並且用人工智慧（AI）深度學習算法建立了一個不斷優化的 AI 模型，模擬鍋爐內精確的溫度場、烟氣場，計算出鍋爐管道內的溫度、鍋爐內的溫度、蒸汽的溫度，以及冷端降背壓需要多少送風量。他們還和華北電力大學的教授合作，結合教授畢生所研究的機理模型（如何調整機組的各項參數才能獲得最大的發電效率），優化整個火電機組的運行狀態。

舉個例子，空冷島作爲電廠的冷卻系統，往往有幾十個大型風機在同時運轉，但是外界自然風的速度、風向、環境溫度一直在變化，如果風機不能隨時調整，就會造成能耗浪費。而透過 AI 模型和機理模型，電廠可以做到每分鐘調整一次參數，大大降低風機的能耗。

你猜，這項改進能節省多少煤？李碩告訴我，在人工智能駕馭的數據的幫助下，每度電能節省 1.55 ~ 2 克煤耗。據估算，全國共有約 1000 套空冷機組，僅這一項改進就能爲中國每年減少 600 多萬噸碳排放。2022 年節省的煤耗甚至有可能從 1.55 ~ 2 克增加到 5 ~ 10 克。

人工智慧正變得越來越智慧。我們常說「大國重器」，可是要靠誰來背負這些大國重器？以前靠有經驗的老師傅來背負，以後要靠人工智慧，以及人工智慧背後那些擁抱規劃、順應趨勢的創業者來背負。

擁抱預期性指標，用數字經濟幫助實體經濟

除了擁抱約束性指標，我們也要擁抱預期性指標，比如數字經濟指標。

2022 年 9 月，一位網路大 V[15]炮轟東方甄選，說成本每根 0.7 元的玉米賣到 6 元，這不是助農，而是喪良心。

這番言論迅速激起了滔天輿論。東方甄選的董宇輝馬上做出回應：流通環節也是有成本的，另外，玉米的成本是每根 2 元，不是 0.7 元。

這位大 V 又繼續回應，緊接著，越來越多的人「參戰」，一片混亂。

那麼，東方甄選到底有沒有助農呢？

當然有。幫助農民瞬間賣完所有產品，讓農民能賺到更多錢，當然是助農。

但是，即便這樣，農民賺到的錢依然是很有限的，因爲眞正限制農民收入的天花板是「生產效率」。

極飛科技的創始人彭斌以棉田爲例算了一筆帳。

棉田的每畝產量大約是 400 千克，國家的收購價大約是 7 元 / 千克，也就是說，種一畝棉田，農民的收入是 2800 元。

15　指的是在微博上十分活躍、又有著大群粉絲的「公眾人物」。

棉花一年只能種一季，所以，這2800 元就是全年收入。

然後算成本。種一畝棉田，化肥、農藥成本大約是 500 元，機力成本（租農機設備的花費）大約是 500 元，人力成本大約是 300 元，水電成本大約是 400 元，種子、地膜、滴灌帶等成本大約是 150 元，再加上其他成本，總成本是 1900 元左右。

收入 2800 元，成本 1900 元，這樣算下來，種一畝棉田農民能賺 900 元。如果你的種植技術水準非常高，畝產量會更高一些，你可能會掙到 1000 多元，那就特別厲害了。

我們常說「一畝三分地」，如果一個農民眞的只種一畝三分地，那麼就算賣得再快，他的收入一年至多也就在 1000 元左右。這個收入實在是太低了。

爲什麼農民的收入無法提高？因爲生產效率不高。只有提高生產效率，讓一個農民有能力種 10 畝地、100 畝地，農民的收入才有可能實現數量級的提升。

那怎麼才能提高生產效率呢？首先要知道農業最主要的效率短板在哪裡。

農民一年的勞作其實可以分爲四個環節：耕、種、管、收。「耕」就是翻整土地，做好播種的準備；「種」就是播種，有時還需要插好滴灌的管道，覆好地膜；「管」就是日常的澆水、施肥、噴灑農藥；「收」就是收穫成果，如收麥子、採棉花、摘玉米等。

在這四個環節中，「耕」「種」「收」這三個環節其實占用農民的時間並不多，而且現在已經有各種成熟的機械設備，比如拖拉機加犁頭等能幫助農民快速地完成「耕」，拖拉機加播種機能幫助農民快速地完成「種」，而收割機、採棉機等能幫助農民快速地完成「收」。因此，這三個環節用時少，效率高。

眞正限制農民生產效率的其實是「管」這個環節，因爲澆水、施肥、噴灑農藥是持續性的，這個環節花費了農民 67% 的總成本，占據了農民 70% 的時間。

那爲什麼這一環節沒有實現完全的機械化呢？因爲水田裡很難機械化施肥，旱田裡又怕壓壞農作物。所以，現在這一環節主要靠人工管。

怎麼解決這一難題呢？彭斌說，用數字化技術。

極飛科技嘗試用無人機幫助新疆棉農噴灑農藥。一塊 300 畝的棉田，如果是人工噴灑農藥的話，大概要 5 ~ 6 個人做一天。而如果用無人機來噴灑農藥，只需要 1 小時。

彭斌說：「我們在電腦上勾出這塊棉田的形狀，然後一點『起飛』按鈕，無人機就像掃地機器人一樣，自動規劃路線。只用 1 小時，300 畝的棉田就噴灑完農藥了。無人機在直飛的時候飛得快，農藥噴灑得也快；在拐彎的時候飛得慢，農藥噴灑得也慢……飛行速度、噴灑速度都是數字化的，可以自動協調，這樣噴灑得比人工更均勻、更節省，平均一畝棉田的噴灑成本可以做到 4 元。」

農民的生產效率因此大大提升。

噴灑農藥的問題解決了，那麼，澆水和施肥呢？

新水源景的創始人張宇也在用數字化的方法幫助棉農澆水和施肥。

張宇說，人工澆水、人工施肥是非常低效的，不但占用大量人工，而且水要嘛澆在葉片上被蒸發掉，要嘛澆多了滲回地下，非常浪費水和肥。

現在，棉田用的基本都是滴灌技術，就是沿著棉株拉一根水管，然後把細管插在棉株的根部，需要澆水的時候一滴一滴地給水，需要施肥的時候就把肥料混合到水裡，這樣就能極大地節省水和肥的用量。

棉田一年大約要澆 9 次水，什麼時候澆水、每次澆多少水都是很有講究的，要根據天氣和棉花的長勢來判斷。澆早了、澆晚了都會影響收成。

於是，新水源景請專家開發了一套算法模型，自動推算出最佳的澆水時間，然後推送給農民。農民只要在手機上點一下「確認」按鈕，水管就自動澆水。

當然，有些農民會有自己的判斷，更喜歡手動選擇自己覺得更適合的澆水時間。新水源景也會把這些數據加入算法模型，不斷優化澆水時間的推算機制。

這樣，一個農民在手機上就能完成給幾百畝甚至上千畝棉田澆水、施肥的工作。

當澆水、施肥、噴灑農藥都實現了數字化之後，農民就可以大大節省「管」的時間，從種一畝三分地變成種幾百畝地，從一年掙 1000 元左右變爲一年賺幾十萬元。

現在，已經有不少年輕人開始返鄉當農民，用數字化的方式種更多的地。

總有人把數字經濟和實體經濟對立起來，覺得數字經濟的出現是對實體經濟的打擊。其實，數字經濟從來都不是實體經濟的對手，它的目的是幫助實體經濟。

數字經濟不僅能幫助農業，也能賦能金融業，甚至防止金融詐騙。

2021 年，中國支付系統共處理 9336.23 億筆交易，大約每秒 3 萬筆。在這 3 萬筆交易裡，有公司往來、親友轉帳、購房消費等正常的交易，也有各種詐騙交易。

騙子的手段五花八門，比如：有人冒充熟人，說「猜猜我是誰」；有人冒充警檢，說「你老公被綁架了」；有人冒充客服，說「恭喜你中獎了」……總有一款針對你，這些騙子眞是讓人恨之入骨。

但是，怎麼辦？用科技賦能金融，用數據幫助反詐。

信也科技的創始人顧少豐告訴我，數據可以告訴我們很多。比如，我們從數據上能看到：騙子最活躍的時間是下午 4 ~ 6 點；被騙子聯繫的每 1000 人中有 6 個人被騙；其中被騙最多的其實不是老年人，而是 20 ~ 40 歲的年輕人，占比高達 77%，而且男性是女性的 1.4 倍；有 51% 的人受騙金額超過 1 萬元。

基於 15 年來超過 1.5 億用戶所貢獻的上千億條數據，信也科技開發了「明鏡」系統，幫助金融機構反詐。2021 年 7 月至 2022 年 10 月，明鏡系統每天干預疑似欺詐行爲 7000 多次，共阻斷詐騙 3 萬多次，幫助用戶免受損失將近 6 億元。

科技不是顛覆金融的，而是賦能金融的。

關於實體經濟，還有一個話題是我尤爲關注的：工廠的轉型升級。2021 年，中國製造業增加值規模達 31.4 萬億元，占 GDP 比重達 27.4%。自 2010 年以來，中國製造業增加值已經連續 12 年位居世界第一。而製造業的背後，是一家家工廠。工廠的轉型升級怎麼完成呢？靠的也是數字經濟的賦能。

現在，有不少企業都在想如何幫助和賦能工廠，比如飛書就有很多獨特的思考。

飛書發現，很多工廠已經有了先進的設備、昂貴的系統，它們的數字化程度並不低，但是，這些數字化大多數隻盯著「流程」和「機器」，「人」的數字化被大大忽視了。在工廠裡，那些操作設備和系統的人之間還是靠喊來進行溝通，靠猜來進行協作。至於爲什麼是這些步驟，他們不清楚；組織要實現什麼目標，他們也不知道。

在這樣的工廠裡，「事」和「人」、「業務」和「組織」

都是割裂的。因此，工廠的轉型升級不僅要圍繞「事」，也要圍繞「人」；不僅要「業務數字化」，也要「組織數字化」。這幾者結合起來，才更有效。

爲了幫助工廠眞正實現數字化，飛書踏入了更多工廠，和它們一起探索和努力。

在這裡，我和你分享兩個故事，也許對你有啓發。

第一個故事是關於三一重工的。

先問一個問題：很多企業都把數字化放在比較重要的位置，但爲什麼還是很難實現數字化的成功轉型？

答案是這些企業在生產方面的數字化程度還不夠深，在協同方面也缺少統一靈活的協作和管理。

生產的數字化其實就是在數據中提煉資訊，在資訊中尋找知識，在知識中凝結智慧，在智慧中洞察業務。這句話說起來容易，做起來卻很難，需要企業有戰略眼光。但三一重工做到了，它與工業網際網路獨角獸企業樹根互聯合作，進行深度的數字化轉型和升級。

樹根互聯開發了以自主可控的工業網際網路操作系統爲核心的工業網路平臺——根雲平臺。在根雲平臺上，三一重工能實現設備數據實時採集、產品生命周期管理、資產性能管理等，而這些數據可以幫助三一重工進行深入分析和人工智慧計算。從數據到資訊，到知識，再到智慧，最後反哺業務，一步一步腳踏實地，整個工業價值鏈都變得更加靈活，也更有價值。

生產要素的深度數字化，是企業眞正實現數字化的基礎。除了生產，企業還需要協同。

協同首先要解決的問題是什麼？是工作場景的協同。你發微信給我，我打電話給你；你發消息給我，我在 OA（辦公自動化）系統上回復你。我們是彼此割裂的，怎麼能做到有效協同呢？所以，協同的數字化首先要用一個統一的平台把各種工作場景聚合起來。

在這方面，三一重工和飛書合作，進行了很好的嘗試。

2020 年，三一重工引入飛書，所有員工都開始使用飛書溝通，就連藍領工人也不例外，效率因此大大提高。有了飛書，資訊的上傳下達不用轉手通知，生產的異常告警實現即時推送，所有資訊工人們都能第一時間收到，然後馬上反饋。

你可能會說：「這些事情看上去不是很簡單嗎？」

的確很簡單，但是，在之前割裂的系統裡，哪怕是這些最簡單的事情，都沒有辦法做到。一條消息轉來轉去，不但即時性很差，資訊也容易失眞。

千萬不要小看這些簡單的事情。舉個例子，如果能實時瞭解生產線上生產設備的運作狀況，提前預警，就能避免因故障而導致的停機，整條生產線的生產也不會受到影響。只需一台核心設備就可以透過與根雲平臺的連接實現數字化的監測和維護，讓工廠和生產線眞正「全年無休」，而工人也因此可以做更高端的工作。而且借助機器，人與人之間的溝通、協作效率提高了，哪怕每次只節省幾分鐘，加起來也是了不得的高效率提升。

三一重工有目前全球最先進的「燈塔工廠」[16]，工廠裡的「人、機、料、法、環、測」六大生產管理要素依託根雲平台實現數字化深度賦能，再加上飛書的應用，整個工廠變得更加高效和先進。

但是，企業裡的協同不僅涉及基層的藍領，還涉及管理層的白領，白領的管理和協同更應該統一、靈活。尤其在這個 VUCA（Volatility，易變性；Uncertainty，不確定性；Complexity，複雜性；Ambiguity，模糊性）時代，組織的目標應該更加敏捷，團隊的目標要更加對齊，同時要更有挑戰性，能夠自我激勵和激發。於是，OKR（Objectives and Key Results，目標與關鍵成果法）成爲很多組織的選擇。

很多人都知道這個由英特爾率先使用、被谷歌發揚光大的 OKR 系統，但問題是，很多組織風風火火地上馬了這個系統，卻沒有好好利用，使其最終變成了一種形式主義。

三一集團（三一重工母公司）總裁唐修國先生曾提出，「以飛書爲平臺，以 OKR 爲主線，力貫三一辦公模式變革管

16 「燈塔工廠」由世界經濟論壇與麥肯錫管理諮詢公司合作開展遴選，被譽為「世界上最先進的工廠」，是具有榜樣意義的「數字化製造」和「全球化 4.0」示範者，代表當今全球製造業領域智慧製造和數字化最高水準。

理」。這麼大的集團能一步步把 OKR 落地，很不容易，它的做法值得很多企業借鑒。

三一重工 OKR 的落地分爲以下三個階段。

第一個階段是 2020 年，引入 OKR。

先是「大水漫灌，理念先行」—— 借助飛書培訓團隊的資源，三一重工在 2020 年對 23 個事業部及職能總部開展了 13 場培訓和 OKR 研討會。然後，高層站台，尤其在推廣早期，高層非常重視 OKR 培訓，甚至專門設置了供各事業部申請飛書 OKR 培訓場次的流程。OKR 落地從來都是「一把手工程」，高層不參與的 OKR，只能是僞 OKR。

第二個階段是 2020 ~ 2021 年，推廣破局。

理念落地之後，要讓理念符合實踐。三一重工結合自身的情況，提出了具有集團特色的「OKR 兩會」—— 對齊評審會和期中跟進會。

在對齊評審會上，每個人在聚焦自己的主要工作的同時，還要和同事一起討論團隊最重要的工作，上下左右互相對齊，以促進協作。而期中跟進會則是用來復盤目標完成度，協調資源，避免走錯走偏的。

OKR 不僅要面向上千名關鍵在職員工，還要向近萬名核心在職員工推廣。所以，三一重工專門搭建了雙層教練團隊，爲未來做鋪墊。一級教練有幾十人，二級教練有幾百人。一級教練由一級單位負責人舉薦，二級教練由一級教練提名。所有教練都要進行培訓和認證，保證 OKR 推廣的效果。

第三個階段是 2021～2022 年，深化應用。

在這一階段，OKR 系統和三一重工內部的「兩新雙月[17]」系統打通。設定雙月 OKR，對新任關鍵崗位及核心崗位的員工進行關注和評估，幫助新任高級人才持續識別自身工作中存在的痛點，更快把握工作主線。透過「轉正 OKR」「挑戰型 OKR」，關聯轉正和晉升。

從引入到推廣，再到深化，OKR 在三一重工就是這樣一步步落地的。取得的成果也是豐碩的。2019 年，在實施 OKR 之前，三一重工的總營收是 762 億元，而 2021 年，三一重工的總營收飛速增長至 1068 億元。2021 年，公司內部員工創建共享文檔 130 萬個，每天召開 4000 個影音會議，每天發送 70 萬條飛書消息。2022 年，三一重工還在繼續提效。

借助數字化，三一重工在變得更好。

第二個故事是關於新松公司的。

先問一個問題：你知道在工廠車間裡指導生產的最重要的基礎理論之一是什麼嗎？答案是即時生產（JIT）。

即時生產在第 2 章已經介紹過，它一環接一環，減少浪費，提高效率。豐田公司將這種管理方式稱爲「看板管理」。即時生產的理念影響了無數製造業企業。

---

17 「兩新」即新產品、新技術；「雙月」指的是兩個月時間為一個 OKR 設定周期。

從某種程度上來說，生產效率就是工廠的競爭力，如何提升競爭力是製造企業的重要議題。

新松公司（以下簡稱新松）隸屬於中國科學院，總部位於中國瀋陽，以「中國機器人之父」蔣新松之名命名。新松是一家以機器人技術爲核心的高科技上市公司。作爲國家機器人產業化基地，新松擁有完整的機器人產品線及「工業 4.0」整體解決方案。新松也透過飛書的數字化賦能大大提高了自己的生產效率。

在新松智慧製造 BG（Business Group，事業群）的工廠作坊裡，原先到處可見巨大的現場白板，它們是用來跟進專案執行情況的。在現場白板上，每個專案都有公布內容，比如生產線布局圖、安全注意事項、責任人等。

但顯然，用現場白板也存在問題。比如，每個項目的公布內容如進度、責任人等格式不統一，不方便查看。再比如，任何人都可以塗改白板的內容，安全性無法保證。

不夠方便，不夠安全，不夠高效，怎麼辦？爲了解決這些問題，新松使用了飛書的多維表格功能[18]。多維表格融合了線上協作、資訊管理和可視化功能，能個性化地滿足企業的業務需要。比如，企業可以把多維表格設計成一個工作資訊同步看

---

18 參考：https://www.feishu.cn/hc/zh-CN/articles/697278684206-%E5%BF%AB%E9%80%9F%E4%B8%8A%E6%89%8B%E5%A4%9A%E7%BB%B4%E8%A1%A8%E6%A0%BC

板。一張在雲端共享的多維表格，同時也是一塊智慧看板，所有的資訊都能彙聚其上，並且一目了然。

多維表格的基礎理論，正是來源於生產車間的精益思維。這種工具特別適用於每日工作溝通和上下游協同等場景。

但是，工廠的生產不僅僅需要作坊協同，還需要多地協同。2021 年 3 月，新松把杭州、寧波、武漢基地納入了智能製造 BG 的管理範圍，這馬上就帶來了多地協同的問題。比如，一個項目由杭州工程師負責機械設計，由寧波工程師負責軟體，由武漢工程師負責電氣，這時，協同就很難進行。尤其當項目涉及上百人和很多外協單位時，協同更成了很大的挑戰。數據孤島，「烟囱」林立，特別麻煩。

能不能也用一張多維表格進行管理、協作？當然可以。

飛書的多維表格支持數據即時同步，也支持評論提醒，哪怕很多人同時協作，也不用擔心資訊的流轉和滯後問題。在協作的過程中，多維表格還支持多種字段，一個標籤頁可支持不同類型的內容，且可以根據實際的工作場景定義內容。而且，多維表格還支持多視圖查看同一張表格。只要點擊一下，原來的看板視圖馬上就可以變成數據表視圖，數據呈現和處理都更加簡單、直觀。

多維表格本質上不是表格，而是一個小型數據庫，靈活、高效、簡單、實用。

很多人問，到底什麼是數字化？其實，就是用更先進的工具賦能和武裝自己，提高效率，加強協作。這就是新松帶給我的啓發。

看完這兩個故事，不知道你有什麼樣的感覺？

最後，我還想和你分享一個數字：在中國，中小企業貢獻了 60% 以上的 GDP，但是，目前只有 2% 的能夠實現深度數據化。

我們任重道遠，但發展的空間巨大，前景廣闊。

祝願所有在數據化轉型上不斷探索的企業，更要祝願所有工廠、整個製造業乃至所有實體企業都能夠實現數據化，找到更加先進的工作方式。

未來，一定是星辰大海。

PART 8 成為確定性

比找到確定性更重要的，是成為確定性

找到確定性很重要，但是，也許有一件事情比找到確定性更重要。

讓我們回到第 2 章的那個實驗。

當我們把花瓶、泥人、籃球往地上扔，花瓶摔碎了，是因爲「脆性」；泥人摔成了泥，是因爲「塑性」；而籃球摔多深就能蹦多高，是因爲「彈性」。

那麼，如果我們把啞鈴往地上扔呢？

啞鈴不會壞，甚至一點都沒變形，反而地板被砸壞了。這種受了很大的外力都不變形的特性叫作「剛性」。

小鵬匯天的創始人趙德力從小就喜歡做東西，他經常拆家裡的各種東西，並因此得到了磁鐵、齒輪、馬達……然後用皮帶把它們綁在泡沫上，做成一艘簡易的船。長大後，他去東莞打工，每天從早上 7 點開始工作，一直做到凌晨 2 點。後來，他還賣過保險，做過房產中介，開過小飯店。日子就這樣一天天地過去，直到有一次，他偶然看到有人在玩遙控飛機。在那一瞬間，久違的兒時夢想復活了。

趙德力在和我講這段經歷的時候眼裡泛著光。

10 年後，趙德力做出了一款重達 256 千克的「飛行摩托」，並且試飛成功。這款飛行摩托叫「筋斗雲」。

但是，有人質疑：筋斗雲上要有孫悟空吧，你這個飛行摩托上面沒人。沒人敢坐的試飛，怎麼能叫成功？

那時，他的公司陷入低谷，員工都離他而去，只剩一個工程師。散夥還是躺平？一個艱難的抉擇擺在趙德力面前。

這之後不久是趙德力母親的 70 歲生日，他回家陪母親說了很多話，就像再也沒機會說一樣。然後，他回到廣東，跨上了「筋斗雲」。「筋斗雲」飛上了 8 米高空，他說坐在上面的心情就像在三層樓上施工卻沒有安全保護一樣。「我也怕。別人創業可能會虧錢，我創業可能會丟命。」他說。

但是，當「筋斗雲」緩緩落地的那一刻，他知道，這次是真的成功了。

今天的趙德力已經開始造飛行汽車了，小鵬匯天的估值超過 10 億美元。他兒時的夢想正在一步一步變成現實。

趙德力這個「啞鈴」把「低谷」這個地板砸出了一個大坑。

我再來講一個人的故事，這個人叫榮耀中，是太太樂、日加滿的創始人。

1984 年被吳曉波稱爲「中國企業家元年」，這一年，王石創立了萬科，張瑞敏創立了海爾，柳傳志創立了聯想。也是在這一年，榮耀中創立了太太樂。

1984 年，34 歲的榮耀中到河南省南樂縣扶貧。這個縣很窮，但農民會養雞。在扶貧的過程中，榮耀中逐漸萌生了開創

「雞精」這個品類的想法，後來就有了太太樂。

爲了把太太樂做大做強，1991 年，榮耀中身揣幾十美元，帶著兩集裝箱太太樂去了美國。在唐人街擺了幾年攤後，太太樂終於走進了美國超市，開始走向全球。

又經過十多年的發展，到 2002 年，太太樂已經打敗了當時的全球四大調味品牌——美國的家樂XYLAN、瑞士的美極Maggi、日本的味之素、韓國的CJ集團（씨제이㈜），年銷售額全球第一。

但榮耀中並沒有停下自己的步伐，很快，他又創立了一個全新的、能幫助人們恢復腦力的能量飲料品牌——日加滿。

爲了把日加滿做好，他不斷地研究成分，研究包裝，研究工藝。最終，在成分上，他找到了植物爪拉納，其提取物含有 8 種人體必須的氨基酸及牛磺酸；在包裝上，他用了綠色玻璃瓶；在工藝上，他也像第一次創業一樣硬撐到底。即便是一個瓶蓋，他也要做到極致。他對瓶蓋的要求很嚴苛——瓶蓋太緊會擰不開，太鬆會漏氣，所以一定不能太緊，也不能太鬆。他找遍了全世界，只找到一家工廠能做到他要求的程度。

要設計出一個好產品，可能有 90 個細節要研究，而要做好一家企業，卻有 9 萬個細節要管理。這需要耗費巨大的心力，但是，永遠不能說「算了吧」。

最近，榮耀中又遇到了一個新課題——直播。搞不懂直播，怎麼辦？他想：不會就學！於是，72 歲的榮耀中不斷出現在直播間。

現在，日加滿的銷量一直在持續增長，其中 40% ~ 50% 來自互聯網。

退休？躺平？決不。再來一遍。

榮耀中這個早已功成名就的「啞鈴」，爬上桌子，把地板又砸了一遍。

鐘承湛的故事也令人感懷。鐘承湛是一個狂熱的戶外愛好者，登山、潛水、帆船、滑雪……都是他的愛好。因爲熱愛，他甚至創立了一個自己的戶外品牌——凱樂石。

1984 年，6 歲的鐘承湛就開始跟著父親到處出差，用腳丈量世界。7 歲的時候，他愛上了冒險，常常一個人轉四五趟車，穿梭往返 100 多千米，從農村到城市，再從城市到農村。小小的身軀裡，埋下了「仗劍走天涯」這個大大的夢想種子。

鐘承湛出生在湛江，這是一個港口城市，20 世紀 90 年代就有很多舊貨市場，賣從西方漂洋過海而來的老物件，有自行車，有登山包，有直排輪。高一那年，他從舊貨市場上買來自己的第一個登山包，後來背著它走過了很多地方。

2002年底在一次登山時，鐘承湛就像被上帝叫醒了一樣，他突然意識到：「這才是屬於我的地方，這才應該是我的生活。」

因爲對戶外的終極熱愛，鐘承湛決定把它作爲使命，並且在第二年創立了凱樂石。他決心做一個戶外運動品牌，專注於產業研發，只為攀登。凱樂石的英文名字「KAILAS」就來源於中國西藏的岡仁波齊山（Kailash）的英文名字。

人生最幸福的事情，不就是以熱愛為事業嗎？鐘承湛瘋狂熱愛戶外，凱樂石瘋狂成長。2003 ~ 2013 年是中國整個戶外行業高速增長的十年，把握住了趨勢的凱樂石也迎來了自己的黃金十年，爬上了自己的高峰。

直到一次事故突然而至。2013 年，因為一次意外，鐘承湛受了重傷，腰椎骨折，脊髓損傷，醫生為他做了診斷後，說他這輩子都要坐輪椅了。

鐘承湛，一個瘋狂的運動愛好者、一個戶外品牌的創始人，從此以後只能坐輪椅了。命運把他重重地摔在了地板上，然後使勁踩。怎麼辦？登山、騎摩托、滑雪……過去觸手可及的事情，以後都變成不可能了。人生中每一座曾經熟悉的山丘，都變成了他的「未登峰」。對他來說，這無異於陷入了絕望的深淵。

但鐘承湛沒有服輸。手術醒來後，當他知道自己再也站不起來時，他就開始上網查「坐在輪椅上能做什麼戶外運動」。

他說：「生命突然給了我一座我從來沒有攀登過的高山。雖然這座山是高了一些，但是，每個人都有自己的那座高聳的『未登峰』。決不服輸，堅持向上，不就是攀登的全部意義嗎？」

幾個月後，他居然真的回到了雪道上，只是，別人是站著滑雪，而他是坐著滑雪。

聽完他的故事，我久久說不出話來。

我以前講過一件事：如果你騎著自行車從北京潘家園古玩城出來，車後座綁著一個古董，在一個大轉彎處突然「匡噹」一聲，古董重重地摔在了地上，摔得稀碎，這時，你應該頭也不回地往前騎。因爲它已經摔碎了，停下來也於事無補。

鐘承湛也做出了一樣的選擇，病床上的他沒有躺平，他選擇用積極去對抗焦慮，既然是「未登峰」，那就繼續去攀登，頭也不回，一路向前。

他知道不能放棄，因爲他只有跨越這座「未登峰」，才能找回自己的熱愛和信念，才能繼續活下去。

他成功了，坐著輪椅重新馳騁雪道，在冰雪中飛翔。現在，他又開著 UTV（全地形越野車，有點像沙灘車）馳騁賽場了，他還琢磨著改裝一輛摩托車，去完成下一個挑戰。

鐘承湛說：「滑雪的意外雖然讓我無法登山，但我的攀登並未因此終止。請不要爲我遺憾。」

其實，2013 年，鐘承湛遇到的逆境不止這一個。這一年雖然是凱樂石發展的高峰，但整個行業的大環境卻開始變差，行業裡很多企業增長放緩，甚至有些已經倒閉。與此同時，很多新的競爭者摩拳擦掌地進場了。

擺在凱樂石面前的是一個新的競爭環境。

身體上的逆境，靠意志力和強大的心力可以扛過去，那企業的逆境該怎麼去面對呢？公司的戰略要變嗎？

那時，大家都覺得做大眾化才能對抗下降的趨勢，但是凱樂石選擇走一條難走的路，把自己所有的精力聚焦在「攀登」上。

「只爲攀登」聽上去很小眾，但是專注地把它做到足夠專業，就能成爲一把尖刀，一路披荊斬棘。

最後，鐘承湛帶著 1100 名員工，登上了行業的「未登峰」。2021 年，凱樂石實現高質量的逆勢增長，其中登山類產品的增長將近 3 倍。

發生在鐘承湛身上的事，旁人難以想像，我的心中只有敬佩。

在高度的不確定性中，趙德力、榮耀中、鐘承湛把自己活成了確定性。我們都希望地板軟一些，但也許更重要的是，我們自己要硬一些。

巨人過河，是不需要策略的

如果用一個公式來表示企業增長，它或許應該是這樣的：

企業增長＝ 自身 ＋ 結構 × 時代 ＋ 意外

內生性變量　機會性變量　環境性變量　隨機性變量

企業增長的動力或者阻力其實主要來自自身、結構、時代和意外這四個要素的相互作用。爲什麼增長是不確定的？因爲這四個要素是不確定的。

時代是一個環境性變量（變數，variable）。

人們很容易把獲得的成就歸功於努力，但很可能這背後的眞正原因是我們生逢一個偉大的時代。1978～2018 年，中國改革開放 40 年，GDP 平均增速高達 9.5%。這簡直是一個奇蹟。你要知道，美國同期的 GDP 平均增速是 3% 左右，德國是 1% 左右，而日本在過去的 20 年裡 GDP 平均增速幾乎是 0。現在回頭看，如果沒有 20 世紀 50 年代馬爾科姆．麥克萊恩（Malcom Mclean）發明的集裝箱，如果沒有 20 世紀 60 年代開始的中國第二次「嬰兒潮」，這個時代可能不會是你熟悉的時代。

當時代這個環境性變量起主導作用的時候，你有一個永遠都不可能打敗的對手，就是時代。

時代的變化可能是緩慢的，但也是無法阻擋的。我們無法選擇自己出生的時代，但我們必須理解它。想要理解「時代」這個環境性變量，我建議你讀一本書——《槍炮、病菌與鋼鐵》。

結構是一個機會性變量。

很多年前，我去了一趟海寧，在那裡我看到一套非常好的皮沙發，售價是 6000 元。我很想買，但他們不賣給我，說是出口到歐洲的。我問他們：「那在歐洲賣多少錢？」他們回答說 6000 歐元。當時歐元兌人民幣的匯率是 10，也就是說，同樣一套沙發在歐洲賣 6 萬元。爲什麼價格會差 10 倍？因爲中間很多關卡都要賺錢，比如採購商、貿易商、總代理商、物流商、分銷商、商場等。

而有了網際網路以後，海寧的沙發廠可以在網上以 3 萬元是因爲少了很多中間環節，沙發廠賺的錢反而變多了，而消費者也省了很多錢。

網際網路改變了跨境貿易的交易結構，帶來了機會，帶來了紅利。這就是機會性變量。

當結構這個機會性變量起主導作用的時候，選擇往往比努力更重要。

結構的改變是快速發生、稍縱即逝的，所以，結構性機會通常是勇敢者的遊戲，因爲需要放棄原來的安全感，縱身一躍。要理解結構這個機會性變量，我建議你讀一本書——《創新者的窘境》。

意外是一個隨機性變量。

2022 年 9 月，一家 A 股上市公司的股價突然出現大幅波動，連續 12 個交易日出現 8 個漲停，累計漲幅超過 100%。它就是彩虹集團。

彩虹集團是做取暖業務的，簡單來說，就是生產電熱毯等產品的。俄烏衝突這個意外導致歐洲能源供應吃緊，歐洲能源供應緊張這個意外導致德國氣價漲了 3 倍、法國電價漲了 10 倍，氣價和電價飛漲這個意外導致英國某電商的電熱毯銷量達到了 2021 年同期的 13 倍，而歐洲電熱毯銷量攀升這個意外最終導致彩虹集團的股價出現 8 個漲停。這就是意外，你能想到嗎？

天上掉的是「金子」還是「刀子」，都是天的事，與你無關。

當意外這個變量起主導作用的時候，我們要做的是盡人事，聽天命。

意外的出現是隨機的，所以幾乎完全無法提前預測，總是讓人措手不及。要理解意外這個隨機性變量，我建議你讀一本書——《黑天鵝》。

時代、結構、意外這三個變量，作用於企業增長的方式各不相同，但是有一點是一樣的——它們都是外部變量。對於外部變量，你無法控制，只能應對。

那麼，自身呢？

自身是一個內生性變量，只有自身這個變量是你可控的。

趙德力改變不了媒體對他的質疑，怎麼辦？改變自身——「我一定要飛起來給你們看看」。

榮耀中改變不了大家開始上網購物的趨勢，怎麼辦？改變自身——「我就不信 72 歲就不能做直播」。

鐘承湛改變不了意外對他的傷害，怎麼辦？改變自身——「我不但能坐著滑雪，我還能坐著開摩托車」。

他們如同啞鈴一樣的剛性來自無比強大的自身。

當自身這個變量起主導作用的時候，我們說「巨人過河，是不需要策略的」。

抵禦「寒氣」，把確定性傳遞給每一個人

世人多看結果，自己苦撐過程。外部越不確定，越要提升自身的剛性。外部越不確定，越要苦練基本功，站樁、扎馬步、打十八銅人陣，樣樣都不能少，要練得有底氣說「我不是在尋找確定性，我就是確定性」。

如何判斷一件事值不值做？看這件事有沒有幫助你「成爲確定性」。最稀缺的能力不是「尋找確定性」的能力，而是「提供確定性」的能力。

關於自身這個「內生性變量」，我也推薦三本書。這三本書的主題，正是我們爲了獲得「提供確定性」的能力所必須修煉的三種基本功。

第一本是關於管理的，是「現代管理學之父」彼得·杜拉克（Peter F. Drucker）的《卓有成效的管理者》。管理是創業者的第一堂必修課，跟彼得·杜拉克學管理，能幫我們扎實管理基本功。

彼得·杜拉克講出了管理的本質，也就是我們所說的管理的底層邏輯。

比找到確定性更重要的是
成為確定性

抵禦「寒氣」
把確定性傳遞給每一個人

所謂「管理的底層邏輯」，就是解答管理要解決什麼根本問題。瞭解這一底層邏輯，能使我們找到合適的管理方法論。

比如，彼得・杜拉克提出了極具時代意義的目標管理。大量公司基於這一底層邏輯形成了各自不同的管理方法論，有的公司用 KPI（關鍵績效指標）來管理公司，有的公司用 OKR 來管理公司。你說該用 OKR 還是 KPI ？其實這問題一點都不重要，重要的是你得做目標管理這件事。至於你要用什麼工具、什麼方法論，都沒關係，只要合適就行，因爲所有工具和方法論都是基於「目標管理」這個底層邏輯的。

那什麼是目標管理呢？以潤米諮詢爲例，我一年有 200 多天不在公司，如果我一出差，公司的 30 多名員工就很高興，心想「終於沒人管我了」，那麼這家公司是沒法管理的；如果他們每天做什麼都要和我商量，我讓他們做什麼，他們才去做什麼，那麼這家公司也沒法管理。最重要的是，員工要時時刻刻盯著目標，而不是盯著老闆。不管用什麼工具、什麼方法論，只要他們每天盯著的是目標，而不是老闆，這個公司就成了。

你去一家公司，很容易就能看出它管理得好或不好。有的公司，老闆走進辦公室時根本沒人搭理他，不管老闆在還是不在，員工都是該工作時工作、該休息時休息，因爲他們知道自己的目標什麼。但有的公司，員工一看到老闆來辦公室了，就「嘩啦啦」全部站了起來，像這樣的公司就有問題，因爲大家覺得老闆重要，得在老闆面前表現好。

所以，一定要把戰略分解成目標，並讓員工領走各自的目標，並對自己的目標負責。

除了目標管理，彼得．杜拉克還有很多非常重要的觀點和理念。比如，他認爲，組織的目的是使平凡的人做出不平凡的事，也就是說，組織不能依賴於天才，因爲天才是非常少的。所以，考察一個組織是不是優秀，最重要的是看在這個組織裡的每個人能不能發揮自己的價值，能不能相互賦能，平凡的人能不能做出不平凡的事。

第二本是關於戰略的，是「企業競爭戰略之父」麥克．波特（Michael E. Porter）的《競爭策略》。跟麥克．波特學策略，能幫你扎實戰略基本功。

《競爭策略》這本書不容易讀，裡面的理論看起來有些複雜，但邏輯特別清晰。透過閱讀這本書，你至少要透徹地理解什麼是三大通用策略，什麼是五力模型。

三大通用策略包括總成本領先策略、差異化策略、集中策略。

先說總成本領先策略。我們說總成本領先策略是第一名的策略，因爲第一名要做到規模足夠大，就必須要有足夠大的市場份額，這時成本就很重要。比如，你是開奶茶店的，在大家都降價的時候你卻能賺到錢，一定是因爲你占領了最大的市場份額，固定成本被攤薄了，並且運營效率高，你的總成本相對於別人來說才會是領先的，這就是你的策略優勢。獲得總成本領先優勢之後，你就能把其他競爭對手擠出主流市場。每一個行業裡面獲得第一名的企業，幾乎都使用的是總成本領先策略。

如果你的市場份額沒有第一名大，跟第一名比沒有成本優勢，怎麼辦？這時，你需要採用差異化策略。比如，如果你是開火鍋店的，你一定不能跟海底撈比服務，但你可以爲消費者提供差異化的服務和產品。

集中策略就是做區隔市場——聚焦一個特殊的領域、特殊的區隔市場，讓它成爲你的優勢，讓別人打不進來。

總成本領先策略和差異化策略是在全行業範圍裡實現目標，而集中策略僅針對某個特定的目標群體，比如，大家都是生產襪子的，那你可以專門做某一個年齡段的襪子。

五力模型是麥克·波特在 1979 年提出的，他認爲每家企業都受五個「競爭作用力」的影響，它們分別是直接競爭對手、顧客、供應商、潛在新進公司和替代性產品。

在麥克·波特看來，所有人都是競爭對手，包括下游的顧客和上游的供應商。

不同企業面臨的競爭強度不同，潛在的獲利能力也不同。麥克·波特認爲，企業戰略設計的核心在於選擇正確的行業，以及在行業中占據有利的競爭位置。

怎麼才能占據有利的競爭位置呢？你得變得稀缺，只有稀缺你才能有競爭力。而且，稀缺是相對於「五個力」都要稀缺，既要對「上下」有溢價能力，也要對「左右」有溢價能力，比如，對上游的供應商來說，你得稀缺。如果你只有一個供應商，並且非常依賴他，有一天他突然不想和你合作了，或者你希望他能降點價，但他不降，你就會有極強的不安全感。

時代大於策略，策略大於組織。策略不對，一切白費。

策略思考是每個創業者都要補上的第二堂課。

第三本是關於行銷的，是「現代行銷學之父」菲利普・科特勒（Philip Kotler）的《行銷管理》。跟菲利普・科特勒學行銷，扎實行銷基本功。

你知道爲什麼當你進到一家飯店，服務員會把你引到落地窗前就座嗎？因爲這會讓路人覺得裡面人多，忍不住進來。

你知道爲什麼古茗奶茶的櫃檯往裡退了 60 厘米嗎？因爲這樣的設計方便路人在下雨天的時候躲雨，順便點杯奶茶。

你知道爲什麼喜姐炸串用撒粉調味，而不是用刷醬嗎？因爲撒粉的品控比刷醬的穩定，容易帶來口碑。

你知道爲什麼新時沏的雞排要先炸兩分半鐘嗎？因爲客戶下單後再炸一分半鐘正好和奶茶一起出品，效率最高。

不要總想玩個大的，行銷大多數時候都是一些基本功，所以，你需要好好讀一讀《行銷管理》，這本書對於理解行銷的底層邏輯有很大的幫助。

《行銷管理》是菲利普・科特勒在 1967 年寫的，他特別厲害的一點是會結合外部環境和市場的變化，持續不斷地更新自己對行銷的理解。以《行銷管理》爲例，每隔兩三年他都會增加一些新的行銷理念、行銷工具以及行銷領域的精彩案例。現在，這本書已經更新到了第 16 版。

菲利普·科特勒拓寬了市場行銷的概念，從過去僅僅限於銷售工作擴大到更加全面的溝通和交易流程。他認爲市場行銷是「創造價值及提高全世界的生活水準」的關鍵所在，它能在「贏利的同時滿足人們的需求」，因此，他深信世界上最有成就感的市場行銷工作應該帶給人們更多的健康和教育，使人們的生活品質產生根本的改觀。同時，菲利普·科特勒一直在嘗試把市場行銷的探討關聯到產品和服務上。

行銷能力是每個創業者都要補上的第三堂課。

學管理，請回到彼得·杜拉克的《卓有成效的管理者》；學戰略，請回到麥克·波特的《競爭策略》；學行銷，請回到菲利普·科特勒的《行銷管理》。請回到基本功，因爲你以爲的頓悟可能只是別人的基本功。不管外部怎麼變，你的基本功是始終不變的，而這恰恰是你應對變化的底氣。善弈者，通盤無妙手，因爲他們靠的是日復一日的積累。

最後，我要講一個故事，這個故事有關 3 個人，希望能帶給你一些啓發。

第一個人叫羅伯特·史考特（Robert Scott）。

1910 年的一天，南極冰天雪地。英國探險家史考特和他的隊員做完了所有衝刺南極點的準備，正式踏上了自己的探險之旅。

但剛一出發，他們就遭遇了不確定性。用於運送物資的雪地摩托在極端天氣下無法工作，而矮種馬也因爲汗液結冰而大批凍死。

在這種情況下，探險還繼續嗎？繼續。史考特想：我一定要成爲第一個抵達南極點的人。

但路途越來越艱難，最後，史考特不得不改變計劃，在距離原計劃設置補給站的位置還有 67 千米的地方提前設置了補給站，然後用「火箭發射」的策略衝刺南極點：走一段路，從 30 人裡選 20 人繼續前進；再走一段路，從 20 人裡選 10 人繼續前進；再走一段路，從 10 人裡選 5 人……就這樣不斷衝刺。

1912 年 1 月 18 日，史考特終於抵達了南極點。但是，他竟然在這裡看到一面挪威國旗，羅阿爾·阿蒙森（Roald Amundsen）比他先到了。

帶著巨大的沮喪，史考特往回走。

他們的食物越來越少。一個月後，一位隊員死去。幾天後，另一位隊員死去。在離補給站只有 17 千米的地方，史考特團隊全軍覆沒。

就差 17 千米，如果按計劃設置補給站而不是臨時改變計劃，也許這個悲劇就不會發生。

當大本營團隊找到史考特屍體的時候，他身邊還有各種岩石標本和資料，這些資料爲後來南極地質學的研究做出了重要貢獻。但是，史考特永遠消失在了充滿不確定性的南極。

第二個人是羅阿爾·阿蒙森（Roald Amundsen）。

阿蒙森是有備而來的。出征之前，他專門到北極圈和因紐特人（Inuit）一起生活了一段時間，他發現矮種馬不是最佳的運輸工具，狗才是，因爲狗不會出汗，所以不會因爲汗液結冰而凍死。

從大本營出發前，安排狗拉雪橇，在南緯 80°、81°、82° 分別設置了三個補給站，放置了 3 噸物資。一切準備就緒後，他帶了一個 5 人團隊正式向南極點出發。

這一路，阿蒙森像機器一樣控制自己，日行 30 千米。這是因爲，在天氣好的時候多走，很可能導致得意忘形，過多消耗體能；在天氣差的時候少走，也可能導致偏離日程，打擊團隊士氣。

阿蒙森的團隊很順利地來到了位於南緯 82° 的補給站，然後，他們把物資裝上雪橇繼續往前推進，並且在更高緯度上設置了 3 個新的補給點，爲回程做好充足準備。

1911 年 12 月 14 日，阿蒙森成爲人類歷史上第一個抵達南極點的人。1 月 25 日，全員安全返回營地。而「1 月 25 日全員安全返回營地」這件事早在 3 年前就被阿蒙森寫在自家書房裡的一張便條上。

這就是阿蒙森驚人的計劃性。

不確定性之所以被稱爲不確定性，是因爲它是未知的，而且常常會突然降臨。你唯一能做的就是「強準備」。在不確定性中能救自己的，不是銀行，不是房東，不是其他人，而是你自己。

阿蒙森在巨大的不確定性中找到了自己的確定性。

第三個人是歐內斯特・沙克爾頓（Ernest Shackleton）。

在人類抵達南極點 3 年後，沙克爾頓決定徒步橫穿南極大陸。

但很不幸，還沒抵達南極大陸，沙克爾頓的船就被浮冰圍住。浮冰越來越厚，導致船體被扭曲，桅桿被拉斷。

怎麼辦？

沙克爾頓帶領 27 名船員住在了浮冰上，這一住就是 10 個月！10 個月後，浮冰開始融化，但船體已經被破壞，最終沉入海底。他們只好在未融化的浮冰上又住了 5 個月！

這麼一直住下去也不是辦法，於是，沙克爾頓和船員一起登上救生艇，尋找救援。在與危險搏鬥了 7 天後，他們漂到了一座無人小島上。

沙克爾頓帶領 5 名船員繼續尋找救援。他們在氣候極端惡劣的冰海中史詩般地航行了 16 天，甚至用雙手划水，前進了大約 1300 千米，相當於從上海划到了北京，終於來到了南喬治亞島。

這之後，沙克爾頓又帶領 2 名船員徒步翻越南喬治亞山脈尋找救援。3 天 3 夜後，筋疲力盡的他們終於看到了人類。被困 700 多天後，27 名船員最終全部獲救。

當整個團隊面臨巨大的不確定性時，沙克爾頓把自己活成了確定性，並帶領團隊，抵禦「寒氣」，把確定性傳遞給了每一個人。

你想成爲史考特、阿蒙森，還是沙克爾頓？

第一個登上聖母峰的人——艾德蒙・珀西瓦爾・希拉里（Edmund Percival Hillary）這樣評價：「如果爲了探索科學，給我史考特；如果爲了旅途的速度和效率，給我阿蒙森；但是當你失去所有的希望時，跪下來祈禱，給我沙克爾頓。」

未來，我們也應像沙克爾頓一樣抵禦「寒氣」，把確定性傳遞給每一個人。

修煉強大的心力，讓自己成為「巨人」

那麼，怎麼才能做到在自身抵禦「寒氣」的同時還能把確定性傳遞給他人呢？最重要的是修煉強大的心力，讓自己成爲「巨人」。

經常有人問我：「潤總，你每天都這麼忙，看著都覺得累，難道你不覺得累嗎？」

我說，我當然也有累的時候，但我在這個過程中眞的感受到了快樂，我覺得我做的事情有意義，內心就充滿了一種力量。這種力量支撐我去做更多的事，迎接更多的挑戰。

這種力量就是心力，所以我也特別建議大家，要重視心力的訓練。特別是遇到困難，感到痛苦、壓力大的時候，心力強，才能堅持到底。

俞敏洪老師在一次談話中也提及，他也有過非常焦慮的時候。在新東方最初面臨組織結構調整轉型的時候，他好幾年都睡不好覺，不知道吃了多少片安眠藥，因爲他在十字路口所做的每一個選擇都關係著公司的生死存亡。但最終，俞敏洪靠著強大的心力走過來了，新東方成功轉型。

要和不確定性對抗，使自己成爲確定性，更需要有很強大的心力。那麼，我們又如何獲得強大的心力呢？

我先和你講一段我自己的經歷。

經常看我文章的讀者都知道，一年 365 天，我有 200 多天不是在出差，就是在去出差的路上。2022 年上半年，我的工作節奏突然被打亂，我在家待了兩個多月。終於，在 6 月 9 日，我的同事幫我刷到了一張從上海去杭州的高鐵票，此時離出發只有 1 小時，我用百米衝刺的速度回家收拾行李，然後，趕在高鐵啓動前找到了我的座位。等我在高鐵上放好行李、坐到座位上的時候，列車門正好關上。

平復下來，望著窗外的風景，我突然有種久違的熟悉。不管新冠病毒是怎麼想的，我決不「躺平」。沒有心力的支撐，我可能早就不這麼拚了。

很多投資人在投資項目的時候會關注創業者的心力。

源碼資本的創始合夥人曹毅說，他判斷一個創業者值不值得投資，有三個維度：體力、腦力和心力。

體力很重要，因爲你在創業過程中會遇到各種問題、各種麻煩，都需要體力來支撐。腦力也很重要，你得想戰略、做計劃，讓公司更好地發展。但最重要的還是心力，因爲心力是體力和腦力的穩定器，是力量的來源，它決定了你的內心有多強大。

想要擁有強大的心力，有幾個方面特別重要，一是擴大心力容量，二是提升自我效能感，三是提高心力使用效率。

1. 擴大心力容量

訓練心力的方式之一是運動。很多創業者喜歡極限運動，因爲極限運動訓練的是一種明知有困難還一定要做到的決心，能讓你的心力變得無比強大。

我在戈壁徒步了 3 次，環騎過青海湖，也去過南極和北極，每一次極限運動結束，我都感覺我的心力又強了一點點。

2015 年，我登頂了非洲第一高峰吉力馬扎羅。

爬吉力馬扎羅，從進山到出山需要 7 天時間。進山處的海拔大概是 1800 米，第一天要垂直升到 2800 米，第二天再上升 1000 米，即到 3800 米，第三天升到 4600 米。一步一步，在陽光的暴曬下艱難向前。

爲了降低耗氧，我拖著雙腳，像僵屍一樣地挪動。我的私人背夫要上來扶我，被我推開。他的呼吸節奏和我不一樣，如果不能踏在我自己的一呼一吸上拖動雙腳，我覺得我會吐出來。

終於到達了 4600 米的營地，我「哇」的一聲，把早上喝進去的能量膠、熱巧克力全都吐在了高山的黑土地上。我希望能休息一下，吃點東西，可是因爲噁心還沒能吃下一口食物，山中的大霧已經裹挾著雨水追上了我們的隊伍。

下撤立即開始。我們全速在雨中向下衝。早上吃的東西全吐了，中午也沒吃東西，我的體能和體溫都降到了最低點，但完全不能停下來。等我們終於衝鋒到了被大雨浸透的營地，才發現還有一件糟糕的事情在等著我們：因爲沒有預料到會下大雨，營地裡的幹衣服都被淋濕了。

渾身濕冷，頭痛欲裂，一天未進食，我的能量降到了冰點。我測了一下平靜時的心跳，竟然達到了 140 次／分。那一刻，我徹底崩潰了：我要下山。但是嚮導對我說：不行，再堅持一下，一定要向上。

於是我又跟隨計劃，橫向攀爬了兩天。

終於到了第五天登頂日前夜。那一天，我們從中午開始睡覺，睡到深夜 23：00，然後全副重裝，走出帳篷，在零下 20℃（體感溫度零下 40℃）的低溫下，在大風中衝刺 5895 米的「自由之巔」。

我還是沒能吃下晚飯，頭疼不止。嚮導在的我身上測出了全隊最差數據（心跳 130 次／分，血氧飽和度 70%），但愼重考慮後，鼓勵我繼續登頂。

最終我決定登頂，這眞是漫長的一夜。

開始衝頂。嚮導每隔 1 小時都會讓大家停下來休息 5 分鐘，調整自己，因爲時間一長，身上就冷。我用這 5 分鐘的時間坐下來，趕緊吃一根藏在懷裡的能量膠，或者吃一塊巧克力，再喝幾口水。喝旅行水袋的水，喝完一定要把吸管裡的水吹回去，不然整根吸管會結冰。有一位女同學失聲痛哭，這是很可怕的事情，因爲鼻涕會不自覺地流下，凍成冰碴兒。

我坐在那裡想：我好想睡覺，但是不行，一定要堅持。沒有激昂的衝刺，只有靜靜的堅持。意識在模糊和清醒之間，向下；腳步在半夢和半醒之間，向上。

當我們的右手邊開始出現一絲被朝陽染紅的晨雲，當太陽從天邊升起時，嚮導突然宣布：海拔 5500 米了！所有人都開始歡呼。這個時候，人特別容易鬆懈下來，但是千萬不能鬆懈，真正的目標還沒有達到，必須繼續衝刺。

終於，我們抵達了 5895 米的「自由之巔」，我做到了！

我和隊友像孩子一樣緊緊抱在一起，失聲痛哭，完全不能自已。然後，我又一屁股坐在「自由之巔」，在非洲最高峰上獨自抹去洶湧的淚水。

哭，不因懦弱，不為堅強，只恨沒有其他任何辦法可以表達那一刻的心情。當我站在 5895 米的山頂時，那種靈魂被洗刷的體會是沒有到過那兒的人永遠感受不到的。

我的內心特別自豪。經歷了那麼多苦難、那麼多痛苦，站在山頂的那一刻，我獲得了一種能力，一種「堅持一下，再堅持一下」的能力。

我的心力又強大了一點點。

除了極限運動，平時的運動健身也是一種幫助我們擴大心力容量的方法。

一個人心力夠不夠和他的心肺功能有關。心肺功能的強弱就相當於電池容量的大小。容量 3000 毫安的電池，幾乎一定比容量 800 毫安的電池更加持久耐用。同樣，心肺功能越好的人，越能輕鬆駕馭一天的工作。所以，我們平時應該透過跑步、游泳等運動來訓練心肺功能。如果工作很忙，也可以選擇提前一站下車，快走回家。

如果還是太忙呢？你可以選擇效率更高的運動方式——跳繩。跳繩 5 分鐘相當於慢跑半小時，而且用正確的姿勢跳繩對膝蓋的傷害只有跑步的七分之一。

2. 提升自我效能感

心力不足的一個表現是，遇到麻煩和困難的時候你不相信自己能做到，不相信自己能克服困難，你覺得花再多的時間都是浪費。你可能會習慣性地想：「天啊，這件事情這麼難，我不可能做到。」

但是，心力強大的人總是相信困難只是暫時的，先把能做的做了，再繼續想辦法，總是會有辦法的。這就是自我效能感，就是相信自己能做成想做的事情。

要想提高自我效能感，我們可以先完成一些簡單的事情，透過這種方式來建立信心，然後再挑戰更難的事情。

比如，先找一個練習場，在一些小事情上好好練習，然後爭取把這些事情都做成，透過做成一件一件小事情提升自我效能感。當你能輕鬆完成這些小事情的時候，再試著去做一些有一定難度但只要花費時間、透過努力也能做成的事情。最後，再去挑戰那些看起來很難、對你來說很有挑戰性的事情。

當你克服重重困難，做成這些事情的時候，你的自我效能感就會大大提升。

如果你相信自己能做成想做的事情，你就願意嘗試更多有挑戰性的事情，而不是待在舒適區裡。

所以，下一步就是跳出舒適區。

舒適區是你可以掌控的範圍，在這個範圍之內，你感覺一切都在你的掌控之中。這意味著什麼呢？你會感覺在這個範圍之內，你的一切動力都可以變成真的能量，而一旦超出了這個舒適區，你就擔心自己控制不了，你的動力、你的願望就可能會被「殺死」。

但是，如果你感覺到自我效能感在不斷地提升，已經能實實在在地感覺到自我非常強大的時候，你會更願意去嘗試更難的事情，迎接更多的挑戰，因為你相信自己一定可以做到。

3. 提高心力使用效率

屏蔽干擾項是提高心力使用效率的一種好辦法。

我們每個人的心力都是有限的，你用一點就少一點。突如其來的電話、不斷彈出的消息、各種嘈雜的噪聲……這些總是打斷我們的外界干擾都在消耗我們的心力。

為了提高心力的使用效率，你可以試著把注意力分配到重要的事情上，屏蔽干擾項。比如，嘗試把手機調成靜音，找到一個不被打擾的空間，給自己營造一個專注的環境。

另外一種提高心力使用效率的方法是冥想。

近些年，冥想越來越流行，有越來越多的企業在培訓中引入冥想。因爲科學研究表明，冥想能降低與壓力反應有關的神經和荷爾蒙指標。在高壓的工作之後，花十幾分鐘的時間來冥想，可以給自己迅速充電，恢復心力。

比如，你可以找一個讓你感覺舒適的地方，挺直腰背，然後閉上眼睛，緩慢均勻地呼吸。接著，試著把所有注意力都專注在呼吸上。如果發現走神了，就重新把自己的注意力拉回來，繼續專注地呼吸。然後，等待鬧鐘把你喚醒。

心力不是來自外界的給予，而是來自自己的內心。祝你擁有強大的心力。

像哲人一樣思考，像農夫一樣耕耘

要想成爲確定性，還要像哲人一樣思考，像農夫一樣耕耘。

什麼意思？這要從一個人開始說起。

在居家辦公期間，我讀了由寧向東、劉小華兩位老師編著的《亞馬遜編年史》，貝佐斯的故事給我帶來了很大的啓發。

2000 年，因爲網際網路泡沫破滅，亞馬遜的股價大跌 80%——這可不是小跌，也不是腰斬，而是直接一路砍到了腳踝。普通人逢此大變，恐怕早已捶胸頓足、呼天搶地了。你可能會好奇：貝佐斯是什麼反應？

貝佐斯在《2000 年致股東的一封信》中說道：

「對資本市場的許多人來說，這是殘酷的一年，當然對亞馬遜公司的股東來說也是如此，我們的股價比我去年寫信給你們時下跌了 80% 以上。儘管如此，但不管從任何角度來看，亞馬遜公司現在都比過去任何時候處於更有利的地位……爲什麼股價比一年前低那麼多？正如著名投資者班傑明．葛拉漢所說，『在短期內，股票市場是一台投票機；從長遠來看，這是一台稱重機』。很明顯，在 1999 年經濟繁榮的那一年，有很多投資者在進行『投票』，而不是『稱重』。我們是一家希望被『稱重』的公司，隨著時間的推移，我們將會被『稱重』。

從長遠來看，所有公司都是如此。與此同時，我們埋頭工作，爲的就是讓我們的公司變得更胖、更重、更結實。」

說得眞好。別和我說你看好誰，有一點你一定認同：更胖、更重、更結實的公司最終一定能打敗更瘦、更輕、更虛弱的公司。

那麼，貝佐斯是怎麼做的？答案是：堅持「客戶至上」，深挖護城河。

「客戶至上」就是當你不知道該做什麼的時候，研究客戶永遠是對的，因爲客戶代表著未來，客戶是最確定的因素。只要把這個最確定的因素把握好，你就把握了未來。

所以，對企業來說，研究未來的本質是研究客戶。未來是否確定不重要，對手是否凶殘不重要，重要的是客戶，是不變的人性。

貝佐斯反覆說：要把戰略建立在不變的事物上。比如，無論未來怎麼變化，消費者永遠想要物美價廉的商品、更快的物流、更多的商品選擇，這是永遠不變的。

你很難想像，有一天，消費者會跑到你面前說：「你們公司的產品眞不錯，才 5000 元？這樣吧，『四捨五入』一下，我給你 50,000 元，先給我裝一車。」「你們送貨速度這麼快？昨天我才下單，今天就到了？不行不行，你們太辛苦了，送貨速度可以慢一點，這樣吧，我買的東西怎麼也得 3 個月才收貨。」

深挖護城河又是什麼？

貝佐斯在《2003 年致股東的一封信》中是這麼說的：「不斷地推動『價格—成本結構循環』的良性運轉，讓我們的模式更強、更有價值。軟體開發成本是固定成本。如果變動成本也能控制住，不隨規模擴大而同比例增加，那麼最終分攤到每一元銷售收入上的成本就是隨規模擴大而下降的。打個比方，像『一鍵下單』這樣的功能，給 100 萬人用和給 4000 萬人用，成本是完全一樣的。我們的定價策略並不是以最大化利潤率爲目標，而是尋求爲客户創造最大價值，從而在長期內創造更大的利潤。例如，我們的目標是珠寶銷售毛利率大大低於行業標準，因爲我們相信隨著時間的推移，客户自然會發現哪家店更實惠、更值得光顧。這種方法也將爲股東創造更多的價值。」這就是在讓客戶獲益的同時，挖了一條更深的護城河。

貝佐斯的這段話，其實也是在說一個商業中最基本的成本公式：

單位成本 =（固定成本 / 銷售規模）+ 單位變動成本

根據公式，有三種辦法可以降低單位成本：一是降低固定成本（比如降低軟體開發成本）；二是降低變動成本（比如降低材料採購成本）；三是擴大銷售規模。

亞馬遜選擇了什麼？顯然是擴大銷售規模。

那怎麼擴大銷售規模？用更低的價格。怎樣才能有更低的價格？用低成本結構。怎樣才能有低成本結構？擴大銷售規模。

銷售規模、低成本結構、更低的價格，形成了一條因增強果、果反過來增強因的「增強回路」，也就是貝佐斯所說的「價格—成本結構循環」。

就這麼簡單。

你可能會驚呼：天啊，這聽上去也太顯而易見了吧！誰不知道銷量越大價格越便宜？

是的，每個人都知道，但是從零開始推動這個「增強回路」，需要很長的時間才能看到明顯的效果，大部分人根本等不及，他們總是會問「有沒有更快的辦法」。

而亞馬遜推動了多少年呢？20 年。

亞馬遜從 1994 年剛成立時就開始推動這個叫作「價格—成本結構循環」的增強回路，即使每年虧損，也要不斷「先降成本再降價格，降完價格再降成本」。這種農夫耕耘式的堅持讓投資人的臉都綠了，但同時，也讓競爭對手的膽都破了：真倒霉，碰上個不要命的！

用「價格—成本結構循環」一鍬一鍬地往下挖，雖然不賺錢，但銷售規模會越來越大，亞馬遜面前就出現了一條叫作「規模效應」的護城河。

一直挖到 2015 年，當規模效應足夠大、護城河足夠深，再也無人可以跨越時，亞馬遜終於開始贏利。

從此之後，亞馬遜的股價一飛沖天，一度成爲全球市值最高的公司。

每當環境變化時，不要迷戀競爭對手，不要恐懼不確定性，也不要爲錯過風口而扼腕嘆息，請你像哲人一樣思考，像農夫一樣耕耘。

百勝中國的 CEO 屈翠容有一句話說得好：「不要先想著賺錢，要把正確的事情做好，要賺人心。」

俯瞰沃野，蒼茫浩瀚。

那些在快速變化中還能倖存的企業，都做到了持續深耕，像農夫一樣精心耕耘。

時代的變化越來越快，未來只會更快。堅持創造價值，堅持創新性，堅持客戶至上，或許就是在激蕩的變化中找到並成爲確定性的方法。

POSTSCRIPT
後記

我的年度演講有一個非常重要的目標，就是盡我所能地幫助創業者、管理者以及渴望進化的個體看清當下的規律，理解未來一年可能發生的趨勢，爲他們年底的年度戰略會、年度目標制定提供一些參考。

年度演講的逐字稿是怎麼寫成的

從 2022 年 10 月 1 日起，我不出差、不見客戶、不參加會議，整整閉關 28 天，只爲做一件事情——準備年度演講。

然而，在這場年度演講的準備中，我做的最重要的一件事是寫逐字稿，你現在所閱讀的這本書正是脫胎於此。

爲什麼逐字稿很重要？其實答案很簡單，就像老師講課的時候需要準備大綱，而演講者要駕馭一場演講，在內容上也要進行各種繁雜的準備。

講課的重心在「課」字上面，重點在於內容的聚焦，在於把每一塊內容講透。而演講的重心在「演」字上面，重點在於演繹與表演，在於舞臺上的整體表現。

我很喜歡《歌劇魅影》，這部音樂劇是公認的四大音樂劇之一。從 1986 年登上舞臺開始，這部音樂劇連續上演近 40 年，是百老匯最叫座的劇目之一。

它之所以能保持這麼久的生命力，我想，除了男女主角及其他演員精湛的表演力、膾炙人口的歌曲之外，極度精美的舞臺呈現也很重要。

有人會說：舞臺不就是布景嗎？不就是用來襯托的嗎？

不全是。

《歌劇魅影》的舞臺讓我深刻地體會到了舞臺是如何講故

事的。在這部音樂劇中，隨著故事的推進，舞臺會有不一樣的呈現。同樣是劇院場景中的戲份，隨著女主角成長歷程的演變，有不同的燈光設定。頭頂的那盞水晶燈，更是給人極大的衝擊力。在劇院地下室的幽暗小道中，我們和女主角一起探險，和男主角一起體會內心的起起落落。雖然整部劇將近 3 個小時，但你在觀看的時候絲毫不敢眨眼，絲毫不會走神。

在我看來，演講也應該是一場舞臺劇，只不過表演者是一個人。演講的精彩離不開整體的謀篇布局、情節設計和情緒渲染。

而我爲這種精彩呈現所能做的最重要的事，就是準備逐字稿了。

那麼，逐字稿應該怎麼寫呢？

在這裡，我要和大家一起細細回味其中的「一把辛酸淚」，也作爲這本書的後記，讓大家深入地瞭解我的年度演講是如何做出來的。

1. 全篇的邏輯是如何形成的

邏輯是逐字稿的地基，沒有地基，一切只是浮於表面，經不起推敲。但是，說實話，關於年度演講的邏輯主線，我想了很久，從 2021 年年度演講結束就開始想了。那時還只是一些模糊的關鍵詞，現在你在進化島社群裡往回翻，翻到 2021 年 11 月、12 月，或許還能找到我當初思考的蛛絲馬跡。

2022 年元旦，我和潤米的同學們一起去海南開年會，年會第二天，我坐在沙灘上曬著太陽，繼續思考著年度演講的框架，又想出了一些關鍵詞，比如「外卷」、「專精特新」、「隱形冠軍」、「智慧科學」，但這時的邏輯依舊是零散的。

2022 年春節，我在南京父母家過節，一邊幫父母清理冰櫃，一邊快速補課，補那些還沒看的書單、報告。只有大量地輸入，才能有高質量的輸出。

於是，那段時間又誕生了一些新的關鍵詞，比如「Web 3.0」、「碳中和」、「逆經濟周期」、「跨經濟周期」、「從 β 型企業到 α 型企業」等，還有冬奧期間很火的消費現象「冰雪經濟」。

這時，邏輯雖然依舊零散，但漸漸地有了一些明顯的分類。比如，這些關鍵詞有的是對宏觀規律、周期的分析，有的是對技術變革的研究，有的是站在企業經營角度的思考，有的是對現象的描述。

眞正開始形成一條完整的邏輯鏈，是我在忙著「靠講課兌換四個雞蛋」那會兒。居家辦公的那兩個月，我研究了波動、周期、趨勢、規劃、意外這類宏觀規律，這之後，邏輯框架才慢慢明朗起來。

我的年度演講有一個非常重要的目標，就是盡我所能地幫助創業者、管理者以及渴望進化的個體看清當下的規律，理解未來一年可能發生的趨勢，爲他們年底的年度戰略會、年度目標制定提供一些參考。

要想看清當下的規律，站在微觀視角是不行的。當你看到一片葉子黃了，你並不能推斷出秋天已經到來，或許它是香樟葉，香樟樹是在春天換葉子的。所以，我們一定要立足宏觀，而用周期、趨勢、規劃來解釋宏觀的經濟現象是再適合不過的了。

可是，這些概念有點太「硬」了，單刀直入，會給讀者帶來沉重的認知負擔，而且它們是普適性的規律，時代性弱，看起來和 2022 年似乎沒什麼強關聯。

那怎麼辦呢？

我開始從 2022 年的關鍵詞找起。在翻閱了這一年大大小小的各種新聞後，我關注到了一個關鍵詞——「不確定性」。

2022 年，這個詞被反反覆覆提及，這彷彿在不斷地釋放信號：我們正面對巨大的不確定性，該怎麼辦？

要想知道「HOW」（怎麼做），就得先知道「WHY」（爲什麼）。要想理解「WHY」，就需要以「WHAT」（是什麼）來解釋。

現在，這個邏輯就通了。以「不確定性」這一關鍵詞作爲起點，我從意外、周期、趨勢、規劃這些規律中看到了「WHAT」，知道了「WHY」，歸納出「HOW」。

有了邏輯主線，在長達半年的時間裡我不斷積累素材，然後順著主線確定了最終的八個關鍵詞，這場年度演講也因此分爲八個主題。

接下來的問題是：每個主題中的小節與正文應該如何謀篇布局？

我曾經分享過一本關於商業寫作的必讀書——芭芭拉．明托（Barbara Minto）的《金字塔原理》。在這本書中，她介紹了一個叫作「SCQA」的概念。

S（Situation）即背景，也就是這件事情發生的外部環境、內生原因以及當前進展等。比如，2022 年考研究所、考公務員人數增加，這就是背景。再比如，綠色經濟的發展也是背景。

C（Conflict）即衝突，也就是這件事情會造成什麼後果，這件事情的發生好像和預期不符，等等。比如，全球禁塑後，塑膠門卡生意遭受了沉重的打擊，這是衝突。再比如，南極的企鵝因爲氣候變暖而凍死，這也是衝突。

Q（Question），即你提出的問題、你要解決的麻煩。比如，如何理解「十四五」規劃，這就是問題。

A（Answer）即答案，也就是你的觀點，比如把「十四五」規劃的 5 大類 20 個指標分爲預期性指標和約束性指標，分別進行理解。

這就是寫作的邏輯勢能形成的四要素，它們有不同的排列組合方式。

（1）ASC 式（答案—背景—衝突）

ASC 式就是先拋出讀者最關心的答案，再完整地交代背景，最後描述衝突，是一種開門見山的寫作方式。

聽上去有些抽象，我想請你花上寶貴的一分鐘時間，思考一下這個問題：ASC 式最適合用在什麼場景裡呢？

答案是工作報告。

舉個例子。做工作報告的時候，你可能會對老闆說：

「老闆，我今天要向你報告的是對公司銷售激勵制度的調整建議，我認爲獎金制比提成制更符合我們公司當下的情況。」這就是開門見山，直接拋出答案。

老闆一聽，一定會很感興趣：「哦！原來你想和我聊這件事，這是大事啊，怎麼回事？你爲什麼會有這樣的提議？」

這時，你告訴他：「公司從創始以來一直使用提成制來激勵銷售隊伍，這是主流的三大激勵機制中的一種，它們分別適用於不同的場景。」這是背景，交代一下公司激勵制度的由來。

老闆一聽，納悶了：「原來提成制只是激勵機制中的一種啊，那你說說，用提成制怎麼就不好呢？」

「但是，在公司業務迅猛發展、覆蓋地區越來越多的情況下，提成制會造成很多激勵上的不公平，比如富裕地區和貧窮地區的不公平、成熟市場和新進入市場的不公平……它會給公司帶來很多損失，甚至導致公司陷入員工拿到大筆提成但公司卻在虧損的狀態。」這就是衝突，把提成制帶來的負面影響說清楚。

看到這裡，你可能會說：「這也太麻煩了吧，不用 ASC 式，難道就寫不成工作報告了嗎？」

不用 ASC 式當然也能寫工作報告，不過，沒有邏輯位能的工作報告，可能會導致這樣的情況：我花了大把的時間，寫了一份面面俱到、非常完備的工作報告，一直寫到了凌晨 3 點多，可是，第二天報告的時候，老闆聽了 10 分鐘就受不了了，對我不停地說「講重點，講重點，講重點！」我一聽，馬上說：「老闆，我說的這些都是重點啊！」可是，老闆想聽的重點其實是：你想和我說的「答案」到底是什麼？

ASC 式特別適合用在突出「答案」的場景中。

（2）CSA 式（衝突—背景—答案）

CSA 式是先強調衝突，引發讀者的憂慮，再交代背景，最後公布答案。

很多商家在做廣告的時候都喜歡用 CSA 式。

比如，當你看到一則廣告，第一句話就是「你繼續這樣下去可能會癱瘓！」時，你心裡一定會「咯噔」一下：「到底怎麼回事？我做什麼了，怎麼就要癱瘓了？」

這就是衝突。

接著，廣告開始講人的頸椎很脆弱，長時間使用電腦姿勢不正確會帶來很多健康隱患等，這就是背景。

這時，有人會想：「我用電腦的姿勢的確不太對，怎麼改善呢？」廣告馬上給出了答案：「某某品牌人體工學顯示器支架，讓你的電腦螢幕可以上下、前後、左右調節，全方位呵護你的頸椎！」

這就是答案。

聽到這裡，恐怕很多人都會買。

這就是 CSA 式，關鍵在於強調衝突，引發讀者的憂慮，激發對背景的關注和對答案的興趣。

（3）QSCA 式（問題—背景—衝突—答案）

關於 QSCA 式，我直接舉個例子。

「今天，全人類面臨的最大威脅是什麼？」這是一個問題。

「在過去的幾十年裡，科技高速發展，人類擁有的先進武器已經可以摧毀地球幾十次。」這是一個背景。

「但是，我們擁有了摧毀地球的能力，卻沒有逃離地球的方法。」這是一個衝突。

「所以，我們今天面臨的最大威脅，是沒有移民外星球的科技。我們公司將致力於私人航天技術研發，在可預見的將來實現火星移民計劃。」這是一個答案。

是的，相信你已經猜到，這段發言來自伊隆・馬斯克。

這就是 QSCA 式，關鍵在於突出信心，告訴讀者這件事是個大麻煩，但我能解決；這個難題帶來了很大的困擾，但我有辦法。

ASC 式、CSA 式、QSCA 式是三種創造邏輯位能的心法。我從中受益良多，還將學習心得用在了《5 分鐘商學院》中。

2. 故事是如何注入靈魂的

在逐字稿中，每一個主題我都採用了以故事導入，再引出模型或理論，接著再用新的故事做補充或證明，最後給出結論的寫作方式。畢竟，純講理論，大家一定會感覺非常枯燥，誰會願意在長達 4 個小時的演講中一直盯著模型、數據看呢？而且，這些模型和數據通常「過目就忘」。

所以，好文章必須要有有血有肉的故事、案例。

還好，我一年有近 200 天都在出差、見人、參訪，不斷地「日觀人相」，積累了很多創業者的精彩故事。

可是，故事應該怎麼講呢？

一個創業者用心講述的那些跌宕起伏的故事，如果以一種平鋪直敘的方式轉述出來，就會失去「靈魂」，就會丟了代入感。好的故事應該是娓娓道來的，讓觀眾聽了時而會心一笑，時而感動落魄，時而心中湧起力量感。

所以，在寫作中，我會在講故事的部分努力加入一些情緒的表達，使我的演講幽默、溫暖和有力量。

先說幽默。比如，在第 1 章「不確定性」中，我講了發生在我自己身上的一件事：春節回家，我忙著幫父母收拾冰櫃裡的陳年舊貨，甚至「威脅」他們等我一回上海就請人來把冰櫃處理掉，但沒想到的是，一回上海，我就經歷了居家辦公，最後，繞著圈子和父母打電話確認冰櫃沒扔，轉頭給自己買了一個新冰櫃。

在這個故事裡，我扮演了一個「丑角」，前半段「自作聰明」，後半段「反被打臉」。這正是一處幽默感的設計。

再比如，在第 5 章「消費進化」中，我講了參訪小紅書時驚奇地發現原來有那麼多新鮮的生活方式、新詞，比如「早 C 晚 A」「簡法生活」等。我很困惑：每一個字我都認識，但是組合在一起，怎麼就讀不懂了呢？這件事讓我大受震撼。我彷彿一個孤陋寡聞的「遠古人」，闖入已經進化了的現代文明。

這也是一處幽默感的設計。

在我看來，幽默往往是透過低姿態的自嘲實現的。

中國有句老話叫「君子自污」。當你渾身雪白地出門時，就會有人忍不住往你身上潑髒水，對你充滿惡意。人們不相信潔白無瑕，或者不能忍受有人潔白無瑕。事實上，也沒有人是完美無缺的。那怎麼辦？出門前，自己往自己身上潑一些髒水，這樣別人看到你就會哈哈大笑，但是惡意全消。

你可能會想：這有什麼意義？他污、自污，不都是「污」

嗎？其實，「污」不重要，重要的是，「他污」是用來邀請惡意的，而「自污」是用來邀請善意的。

所以，我常說，要把好事留給別人，把壞事都留給我自己。比如，當我在寫作中提到不好的事情時，我通常會用自己舉例子：假如「我」得了癌症，讓「我」好好想想還有哪些要緊事……這就叫「君子自污」。

開自己的玩笑，是一種幽默感。把優越感讓出去，才有機會影響別人。

而溫暖和有力量，往往用在講述別人的故事上。

比如，在第 2 章「化解意外」中，我以俞敏洪老師用 200 億元來保持財務彈性的故事引入主題。俞老師的故事令人震撼，令人感動，可是，如何才能盡可能地還原這個故事呢？

我選擇了蒙太奇的手法。一開始就開門見山，直接給出結果——2021 年，在遭遇了常人無法想像的意外後，在行業內很多人都「樹倒猢猻散」的時候，俞老師依舊全額退還了學費，全額支付了薪水，還捐贈了桌椅板凳給偏遠地區的學校。這對任何一家公司來說，都是非常不容易的。

可是，他是怎麼做到的呢？我沒有直說，而是先賣了個關子，轉移到一個新的話題——我和俞老師的直播上。在那場直播裡，我向俞老師請教了這個問題，而俞老師的回答令人意外：在新東方的帳戶上，時刻準備著 200 億元現金。他堅定地說：「面對再大的誘惑，這 200 億元都堅決不動，除非換掉我這個董事長。」

透過俞老師質樸的表述，一種在意外中孑然獨立的形象慢慢地明朗起來，情緒也在此時逐漸升華。

可是，這個故事到此結束了嗎？

還沒有。

在講完了不同種類的彈性之後，到了這一章的最後，我們又回到了俞老師的故事，但這一次講的不是如何化解意外，而是如何低谷反彈，也就是東方甄選的故事。隨著東方甄選的爆火，新東方的市值陡增約 200 億元。

一降一起，一落一彈，關於彈性的邏輯閉環就這麼完成了。

更重要的是，這個故事中的那種確定性的力量感、那種質樸的溫暖被渲染得淋漓盡致。

關於情緒的設計，在逐字稿中還有很多，比如，第 6 章「元宇宙」中約書亞透過人工智慧對話系統「復活」他深愛的未婚妻潔西卡的故事。再比如，第 8 章「成爲確定性」中凱樂石創始人鐘承湛在突遇意外後再次「站起來」的故事。

不過，我想，我的這點「小心思」，可能早已被火眼金睛的你看穿了吧。

所以，再精細的筆法，終究抵不過最本質的「用心」，比如，對象感、同理心。

3. 如何營造對象感

我經常對我的同事說：「你們寫文章的時候，要當作這篇文章是寫給商業領域的專家看的。」當然，我們的文章不是專門給商業領域的專家看的，而是服務於每一位對商業有興趣的人。

說「給商業領域的專家看」，是因爲寫作要樹立一種對象感，好像對方就坐在你對面一樣。如果一個商業知識很豐富的人就坐在你對面，那這句話你還會不會這麼寫呢？你一定會認眞思考，然後連連擺手：「哎呀，不行不行，不能『差不多就得了』，我得重新組織一下語言。這個地方不能寫得雲裡霧裡的，那個地方不能寫得不明就裡的，否則，他會笑話我的，我好歹……」

有了這種對象感，文章才有對話感。

對象感如何營造？我想，最重要的是靠想像。想像你的對面坐著觀眾，坐著創業者、管理者、愛學習的人，甚至可能還有孩子。

果眞是，在年度演講的第二天，有一位讀者在評論區留言給我：「5 歲的兒子在電腦前問這個人是誰？媽媽說是劉潤，巧合的是，他又問電腦顯示器叫什麼？媽媽說是小米，這個老師的兒子也叫小米。每次看直播的時候，他都會問上面那個會動的、卡通的是誰呀？今天中午好像把卡通人物和眞人對上了，然後一直在電腦前重複潤總的名字，重複潤總說的話。」

本質上，對象感來源於對同理心的練習，而同理心就是想人之所想，說出他們的心裡話。

比如，在第 3 章「穿越周期」中講到了庫存周期，在介紹完庫存周期後，我設計了一小段話：有時候你的東西賣不出去，不是因爲銷售人員不努力，只是因爲遭遇了庫存周期的低谷。

或許，坐在聽眾席、看直播或者閱讀本書的人中就有這樣一位銷售，因爲遭遇了庫存周期的低谷而賣不出去東西被老闆責備，之前他一直「敢怒而不敢言」，現在終於有一個人、有一個姑且有一點流量的人替他說出了這句話，他可能會覺得被顧及了，會感到暖心。

我常常會偷偷地琢磨：此時此刻，正在看這本書的你正處於一種什麼樣的狀態？

你可能正在下班高峰的人潮之中，拖著疲憊不堪卻不肯服輸的身軀，希望用碎片化的時間學習一點感興趣的知識。

你可能正在享受舒適的午餐時光，右手拿著筷子，左手刷著手機，嘴裡嚼著美食，大腦還在放空，心裡卻裝著未完成的工作。

你的城市也許正在下雨，你在擁擠的地鐵上焦慮地想著馬上就要遲到了，然後又甩一甩頭，想把煩惱甩掉。

你可能正在沙發上「葛優躺」，悠閒地翻著這本書，已經深夜了，你想「再看一會兒就睡了」。

不管是哪種狀態，我都希望這本書能帶給你好的閱讀體驗。

其實，對象感或者說同理心的練習，不像故事一樣需要起承轉合，也不像邏輯一樣需要環環相扣，它展現在一處處細節中，這些細節很微小，但是無處不在。它是一種寫作時的下意識之舉，也是在寫完初稿後不斷精修時需要重點著墨的部分之一。

4. 如何抓住稍縱即逝的注意力

人們的注意力總是稍縱即逝的，那麼，怎麼才能將其抓住？

我的方法是「5 商派」，簡單來說就是「場景導入—打破認知—核心邏輯—舉一反三—回顧總結」。

第一步，場景導入。「你有沒有遇到過這樣的客戶？你滿懷激情地跟他聊了很久，介紹了半天你的產品，他確實也很心動，覺得似乎什麼都好但就是太貴了。」像這樣把讀者請進你的文字空間，賦予他們身分和情緒。

第二步，打破認知。「眞的是因爲他小氣嗎？你可能會發現他的包、他的表都很奢華。小氣和大方是相對的，那有沒有什麼辦法讓這些所謂『小氣』的客戶變得大方呢？」

這些問題，你可以幫讀者問出來。這樣一來，讀者的思緒就被一隻看不見的手牽著走了：「我剛想問，你就說了，所以，到底是因為什麼呢？」

第三步，核心邏輯。「今天，我們就來講一講小氣和大方背後的商業邏輯，教你如何解決這個問題。」這就是你即將給出的答案。

第四步，舉一反三。「其實，這個邏輯還出現在很多其他地方……」「關於今天這個話題，我還有幾個建議……」這就是舉一反三，不僅要交付知識，還要交付這種知識的其他用途。

第五步，回顧總結。「回到最開始的那個問題，今天我們聊了這麼幾件事……」幫讀者進行梳理，最後再提高、升華。

透過這五步，讀者的注意力就會始終被你抓住了。

5. 如何降低認知成本

經常看我的文章的人都瞭解，我在寫作中經常會「舉個例子」，在這本書中，這句話也同樣頻繁地出現。

我為什麼要舉例子呢？是為了降低認知成本。

如果你能用一個觸及心扉、感人至深的故事把道理講清楚，自然很好，但是總有一些複雜的知識點或者概念是沒辦法用故事講明白的，而直接拋出一條定義，又特別晦澀難懂，這時就需要舉例子。

我曾經寫過一篇文章〈到底是什麼「新規」，暫緩了螞蟻上市？〉，我當時的目的是幫助大家理解一件事：國家要實行一項新規——在單筆聯合貸款中，經營網絡小額貸款業務的公司出資比例不得低於 30%。

這條「新規」是什麼意思？這條「新規」和螞蟻有什麼關係？怎麼就影響到螞蟻的估值了？

如果我只是把這條「新規」簡單地「複製粘貼」到文章裡，讀者就只好「帶著問題來，又帶著問題走」。

怎麼辦？

舉例子，把這件事講清楚。

我舉了一個小張的例子。小張是支付寶的客戶，芝麻信用分很高，以 10% 的年利率向螞蟻借了 1 萬元。螞蟻找到銀行：我們用科技（大數據、人工智慧等）評估過了，這是一個好客戶，可以借。我們合作吧，我出 1% 的資金，你出 99%；10% 的利息，一人一半。

銀行一算：你出科技，我出金融。本金 9900 元，利息 500 元。5.05% 的收益率，可以。

螞蟻一算：我出科技，你出金融。本金 100 元，利息 500 元。500% 的收益率，更可以。

雙方一拍即合。

但是，「新規」規定，螞蟻出資不得低於 30%。這意味著借給小張的 1 萬元中，至少 3000 元必須是螞蟻出。假設本金 3000 元，利息 500 元，螞蟻的收益率立刻從 500% 降爲了 16.67%。

看完這個例子，你就能明白這項「新規」爲什麼會影響到螞蟻公司的估值了。因爲出資比例增加到 30%，意味著收益要降低很多。

這就是透過舉例子，把一件事講清楚，幫助讀者降低認知成本。

6. 如何窺探核心本質

除了講故事、舉例子，我還常常打比方。

「打比方」這事其實挺難的，你得把一件事類比成另外一件事，這就意味著，你得同時窺探兩件事的本質。

比如，品牌。打造品牌特別抽象。品牌和店鋪是不一樣的；不同品牌的打造方式是不一樣的；有的品牌喜歡講故事，有的品牌喜歡玩定價……關於品牌，能延伸出很多話題。那麼，該怎麼和讀者說清楚品牌到底是什麼呢？

找一個很常見的事物來打個比方。

我會說，品牌就像一個容器，比如一個大碗，裡面的東西越多，這個容器就越穩。打造品牌過程中做的各種各樣的事，其實就是爲了往這個容器裡放三樣東西，第一樣叫了解，第二樣叫偏好，第三樣叫信任。

這就是打比方，把一件抽象的事「翻譯」成一件貼近生活的事。

7. 如何給文章添上點睛一筆

我在寫逐字稿時，一直在想如何給文章增加點睛之筆。我的方法就是添加金句。

什麼是金句？簡單來說，就是一句聽上去朗朗上口、一下子打動人心的話。比如「所有偉大的企業，都是『冬天』的孩子」「存心時時可死，行事步步求生」。

你可能會說：「我看過很多金句，也知道金句的重要性，可是，我要怎麼寫出金句呢？」

關於這個問題，我的辦法是收集。金句是偶得的，就像是天賜的寶物一樣。

我的手機備忘錄裡收集了很多金句。

比如玩笑類的，「事已至此，先吃飯吧」「有空早點睡，沒事多賺錢」。

比如情緒類的，「其實大部分人都已經見完彼此的最後一面了」「只有你自己能給自己安全感。」

比如辯證類的，「一流的人才雇用一流的人才，二流的人才雇用三流的人才」「多少好答案，正在等一個好問題」。

這些就是金句，可以給你的文章添上點睛的一筆。

最後的話

在「開封菜」系列直播中，我曾經和大家分享了「寫作的心法」，講了同理心、幽默感、對象感是如何運用到演講、新媒體文案等的寫作方法。

我的方法不一定準確，畢竟，我不是中文系畢業的，文學不是我的專長。但這些都是我在日常寫作中歸納、總結出來的經驗，在寫年度演講的逐字稿時，這些經驗也發揮了很大的作用。

一點經驗之談，希望可以給你啓發，也希望能得到你的指教。

最後，我還要分享三句話：

「日拱一卒，功不唐捐。」寫作能力不是一天養成的，離不開每一天的積累。

「三人成行，必有我師。」故事的起承轉合、邏輯的環環相扣，絕不是一家之言，離不開每一位創業者的講述、每一位研究者的分享。

「有一種力量，讓我們百煉成鋼。」一次次的寫作就是「百煉」，期待它終會讓你「成鋼」。

感謝你們的陪伴，這場演講的「音樂劇」能順利謝幕，離不開大家的支持。

劉潤作品推薦閱讀

底層邏輯：看清這個世界的底牌

底層邏輯 2：帶你升級思考，挖掘數字裡蘊含的商業寶藏

勝算：用機率思維找到可複製的核心能力，掌握提高勝算的底層邏輯

商業簡史：看透商業進化，比別人先看到未來

進化的力量：用新維度看清世界變化，唯有最適合的才能持續生存

DH00452

進化的力量2：尋找不確定性中的確定性

作　　者—劉　潤
主　　編—林潔欣
企劃主任—王綾翊
設　　計—江儀玲
排　　版—游淑萍

總 編 輯—梁芳春
董 事 長—趙政岷
出 版 者—時報文化出版企業股份有限公司
108019 臺北市和平西路 3 段 240 號 3 樓
發行專線—（02）2306-6842
讀者服務專線—0800-231-705・（02）2304-7103
讀者服務傳真—（02）2306-6842
郵撥—19344724　時報文化出版公司
信箱—10899 臺北華江橋郵局第 99 信箱
時報悅讀網—http://www.readingtimes.com.tw
法律顧問—理律法律事務所　陳長文律師、李念祖律師
印　　刷—勁達印刷股份有限公司
一版一刷—2025 年 1 月 17 日
定　　價—新臺幣 420 元
（缺頁或破損的書，請寄回更換）

時報文化出版公司成立於一九七五年，
並於一九九九年股票上櫃公開發行，於二〇〇八年脫離中時集團非屬旺中，
以「尊重智慧與創意的文化事業」為信念。

進化的力量. 2 : 尋找不確定性中的確定性 = The power of evolution. II／劉潤著 . -- 一版. -- 臺北市：時報文化出版企業股份有限公司, 2025.01
面；　公分
ISBN　978-626-419-156-2（平裝）
1.CST: 商業管理 2.CST: 資訊社會 3.CST: 趨勢研究 4.CST: 文集
490.7　　113019925

ISBN　978-626-419-156-2
Printed in Taiwan